TURING 图灵新知

U0267537

你不可不知的
50个天文知识

[美] 乔安妮·贝克◎著 杨硕 刘吉熙◎译

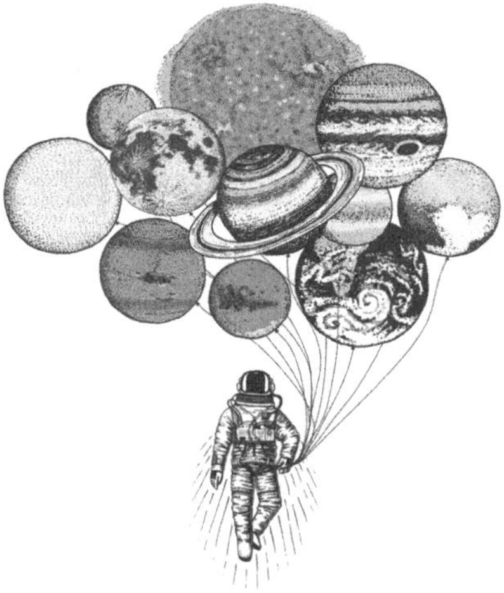

50 Universe Ideas You Really Need to Know

人民邮电出版社
北京

图书在版编目（CIP）数据

你不可不知的50个天文知识 / （美）贝克
(Baker, J.) 著 ; 杨硕, 刘吉熙译. -- 北京 : 人民邮电
出版社, 2013.10(2023.7重印)
（图灵新知）
书名原文: 50 universe ideas you really need to
know
ISBN 978-7-115-32912-7

Ⅰ. ①你… Ⅱ. ①贝… ②杨… ③刘… Ⅲ. ①天文学
—普及读物 Ⅳ. ①P1-49

中国版本图书馆CIP数据核字(2013)第206830号

内 容 提 要

本书通过50篇短小精干的短文，清晰简明地介绍了天体物理学中的基本概念、主要发现以及前沿知识。主要内容包括日心说、牛顿光学理论等天文学基本原理，宇宙的起源和演变，相对论、特大质量黑洞和多重宇宙等宇宙学核心概念，以及人类对类星体、行星和天体生物学认识的最新进展。同时，还介绍了矮行星、暗物质、宇宙大爆炸、恒星死亡等尖端科学。

本书覆盖面广、信息量大，非常适合普通读者阅读。

◆ 著　[美] 乔安尼·贝克
译　杨　硕　刘吉熙
责任编辑　岳新欣
执行编辑　隋春宁　张　霞
责任印制　焦志炜

◆ 人民邮电出版社出版发行　北京市丰台区成寿寺路11号
邮编　100164　电子邮件　315@ptpress.com.cn
网址　http://www.ptpress.com.cn
固安县铭成印刷有限公司印刷

◆ 开本：787×1092　1/24
印张：9.25　2013年10月第1版
字数：196千字　2023年7月河北第29次印刷
著作权合同登记号　图字：01-2011-1382号

定价：39.80元
读者服务热线：(010)84084456-6009　印装质量热线：(010)81055316
反盗版热线：(010)81055315
广告经营许可证：京东市监广登字 20170147 号

版 权 声 明

译者序

近年来，由吉姆·帕森斯主演的热播美剧《生活大爆炸》得到了众多中国观众的追捧。剧中，四位机智幽默的科学家给我们带来了无数的笑声。然而，在捧腹"谢耳朵"等人将天文学、物理学术语倒背如流，将各种宇宙学理论如相声贯口般地表述出来时，你有没有想去了解一下他们到底说了些什么的冲动呢？

到底什么是大爆炸理论？什么是相对论？什么是弦理论？什么是量子理论？几位主角的偶像霍金又有着什么样的主张？费米又是何许人也？

对于这些问题，本书都将为你一一解答。《你不可不知的 50 个天文知识》从揭秘宇宙、宇宙学、超越时空、星系以及恒星五个角度介绍了天文学领域的基础理论，图文并茂，浅显易懂。

虽然作者在开篇讲到天文学是最古老和最深奥的科学之一，但不要被这两个词吓到，从而对天文学敬而远之。

古老并不等于枯燥。当你仰望浩瀚无垠的夜空时，有没有好奇夜空为什么是黑色的呢？如果有的话，那就翻开第 11 章"奥伯斯佯谬"去寻找答案吧。你信不信利用你手边的那台小型收音机，就可以探测到来自银河系的噪音？如果不信，那就翻开第 32 章"射电天文学"去一探究竟吧。

深奥并不等于晦涩难懂。广义相对论够深奥吧？但是，爱因斯坦用一组精妙的比喻就阐释了何为相对论："你和一个漂亮姑娘在长椅上坐了一小时，却觉得只过了一分钟；你紧挨着一个火炉坐一分钟，却觉得过了一小时。这就是相对论。"所以，不要怕，勇敢地走进天文学的世界吧。

虽然身为天文学领域的门外汉，但我从小就对天文学充满了兴趣，所以翻译这本书也给我带来了无限的乐趣和享受。翻译的过程，也是阅读的过程，更是学习的过程。当通过读书汲取到营养的时候，我感到十分满足和愉悦。希望捧起这本书的你，也会有同样的感受。

最后，感谢图灵公司的各位编辑在我翻译的过程中对我的帮助和指正。

杨　硕

2013 年 8 月

引　　言

天文学是最古老、最深奥的科学之一。自祖先追踪太阳以及其他恒星的运行轨迹至今，我们已经掌握了不少天文学知识，对人类在宇宙中所处地位的认识也发生了翻天覆地的变化。每一个突破性发现都曾引起强烈的社会反响。17 世纪，伽利略宣扬“异端邪说”，称地球是围绕太阳旋转的，因此被软禁在家。同样，对于太阳系并非银河系中心的论证也曾引发类似的质疑。20 世纪 20 年代，埃德温·哈勃发现，茫茫宇宙有 140 亿年的历史，还在不断膨胀，其中散布着数十亿个星系，而银河系只不过是其中的沧海一粟 。这项发现令人们对宇宙的争议暂告一段落。

进入 20 世纪后，日新月异的技术加快了人类探索太空的步伐。世纪之初，人类掌握了核能、核辐射与原子弹制造的知识，同时对恒星及其核聚变引擎也有了更多的认识。随后，从第二次世界大战爆发直至战争结束后的数年里，射电天文学飞速发展，人类在识别脉冲星、类星体和黑洞方面也取得了长足的进步。人类研究宇宙微波背景辐射，通过 X 射线和伽马射线望远镜观察天空，在每个波段都作出了独特的发现，不断开启宇宙学的新篇章。

本书将从现代研究的视角出发，带领读者纵览天体物理学的奥秘。第一部分描述了人类在对宇宙规模的认识上所取得的重大突破，同时也介绍了一些基础知识，如引力和望远镜的工作原理。第二部分谈到了人类在宇宙学研究领域（即将宇宙作为整体进行研究）所取得的成果，包括宇宙的组成、历史与演变。第三部分介绍了关于宇宙的一些理论知识，如相对论、黑洞和多重宇宙理论。第四部分和第五部分详细地剖析了人类对于星系、恒星以及太阳系的认识，包括类星体与星系演化 、系外行星、天体生物学等。目前，太空探索的速度依旧很快，也许在今后的数十年间，我们将会见证下一个伟大的范式转换——地外生命的发现。

目 录

第一部分

揭秘宇宙

01 行星

行星有多少颗？几年前，这是个简单的问题，答案几乎尽人皆知——九颗。现如今，答案却充满了争议。天文学家在太阳系外围的极寒地带发现了数颗与冥王星大小相当的岩石天体，并在更加遥远的恒星周围找到了数百颗行星。一石激起千层浪，这要求天文学家必须重新审视行星的定义。目前，他们的结论是：太阳系中共有八颗真正的行星，还有几颗类似冥王星的矮行星。

在史前时期，人类就已经知道了行星与恒星的区别。“行星”的英文是 planet，源于希腊语的“漫游者”一词。顾名思义，行星在夜空中不断移动，而背景是永远保持位置不变的恒星。日复一日，恒星构成了固定的图案，称为星座。它们一起围绕着南北天极缓慢地旋转，每颗恒星一天的移动轨迹构成一个圆。然而，行星每天都会沿一条倾斜的直线相对于恒星背景移动少许。所有行星围绕太阳旋转时均处在相同的平面内，这个平面称为黄道面，投影到空中呈一条直线。

人类几千年前就认识了水星、金星、火星、土星和木星这几大行星。它们通常比周围的星体明亮，容易用肉眼观察。行星逆行的现象更为它们增添了几分神秘色彩。17 世纪，望远镜的发明给人们带来了更多惊奇的发现：土星周围围绕着美丽的圆环，木星拥有一大家子卫星，而火星表面布满了深色的沟渠。

X 行星 然而，英国天文学家威廉·赫歇尔于 1781 年发现了天王星，动摇了人们长期以来笃信的“事实”。由于它的亮度和移动速度均不及其他已知行星，天王星最初被认定为一颗流浪恒星。赫歇尔经过仔

大事年表

公元前 350 年	1543 年	1610 年	1781 年
亚里士多德确定地球是圆的	哥白尼出版了其日心说著作《天体运行论》	伽利略使用望远镜发现了木星的卫星	威廉·赫歇尔发现了天王星

威廉·赫歇尔（1738—1822）

弗里德里克·威廉·赫歇尔，1738 年生于德国的汉诺威，1757 年移民到英格兰，以音乐为生。他和妹妹卡罗琳都对天文学有着浓厚的兴趣。1772 年，他把卡罗琳带到了英格兰。他们自制了一架望远镜，观察夜空，发现了数百颗双星和数千个星云，并将它们编制成表。赫歇尔发现天王星后曾将其命名为“乔治之星”，以表达对英王乔治三世的敬意，并因此被乔治三世任命为宫廷天文官。赫歇尔的其他发现还包括许多双星的物理双星本质、火星两极极冠的季节性变化，以及天王星和土星的多颗卫星。

细的追踪最终证明，该星体同样是围绕着太阳运动的，从而把它划入了行星的行列。赫歇尔因此声名大噪，甚至因他曾以当时英国国王乔治三世的名号暂时为之命名而受到国王的恩宠。

行星的定义

行星是满足以下条件的天体：（1）围绕太阳运动；（2）质量足够大，自身引力可克服刚体力，从而呈现圆球状外形；（3）已清除其运行轨道周围的其他天体。

更多的发现接踵而至。由于天王星的运行轨道与根据太阳引力计算出的轨道有偏离，于是人们推测，在天王星外还有一个对它造成干扰的天体。几位天文学家对预测的位置进行了仔细的观察，想找到那位“不速之客”。终于在 1846 年，法国天文学家于尔班·让·约瑟夫·勒威耶领先英国天文学家约翰·柯西·亚当斯一步，宣告发现了海王星。

到了 1930 年，冥王星的存在也获得了确认。与发现海王星的情形相同，太阳系最外部的几颗行星的运行轨迹与预测的略有偏差，这意味着还存在更远的天体。当时，人们把这颗星外之星称为“X 行星”。在比对不同时间拍摄的天空照片时，美国罗威尔天文台的克莱德·威廉·汤博发现了它的踪迹，它因为位置变动而露出了庐山真面目。但它的最终命名却源于一名还在上学的小女孩——来自英国牛津的雯奈蒂亚·博内。她受神话故事中冥界之神普鲁托的名字启发，为该天体取名冥王

1843~1846 年	1930 年	1962 年	1992 年	2005 年
亚当斯与勒威耶预测并发现了海王星	克莱德·汤博发现了冥王星	水手 2 号第一次传回了金星表面的图像	第一次发现了太阳系以外的行星	布朗发现了阋神星

“与大陆的定义一样，行星的界定更多地是源自我们对那些天体的看法，而不是既成事实之后某个人的判决。”

——迈克尔·布朗，2006 年

星（Pluto）。在当时，冥王星的发现还引发了一阵文化热潮，从动画片中的卡通狗“普鲁托”到新发现的化学元素钚（plutonium）都和它扯上了关系。

废黜冥王星 太阳系拥有九大行星，这种说法一直维持了 75 年，直至加州理工学院的迈克尔·布朗教授和他的同事们发现，冥王星并非是独一无二的。在太阳系寒冷的边界、冥王星公转轨道的附近已经发现的一些体积可观的天体中，布朗教授和同事们恰巧找出了一颗体积甚至超过了冥王星的天体，并命名为阋神星。这令天文学界进退维谷。布朗的发现应该被认定为第十大行星吗？

在冥王星与阋神星周围的其他冰质天体又是什么呢？这令冥王星的行星地位遭到了质疑。在太阳系的外部区域布满了覆盖着冰层的天体，冥王星与阋神星仅仅是其中两颗体积最大的天体。此外，在其他地方也发现了类似大小的岩石质小行星，比如直径为 950 千米的谷神星。1801 年，在寻找海王星的过程中，天文学家在火星与木星之间发现了谷神星。

IAU（国际天文学联合会）是天文学界的专业机构。2005 年，为

> “这个世界也许是另一颗行星的地狱。”
>
> ——奥尔德斯·赫胥黎

了决定冥王星的命运，IAU 下设的一个委员会召开了会议。布朗和一些天文学家希望保留冥王星文化意义上的行星地位，同时认为阋神星同样应被认定为行星。而其他天文学家则认为在海王星之外的所有冰质天体都不是真正的行星。在 2006 年举行的一次会议上，天文学家进行了表决，确定了行星的新定义。但在当时，行星的概念仍然没有完全统一。有些人大惑不解，认为这就好比要说清大陆的定义：如果澳大利亚是一个大陆的话，那么格陵兰岛是不是呢？欧洲大陆和亚洲大陆的分界线又在哪里呢？然而，天体物理学家就行星的定义达成了一套规定。

行星被定义为围绕太阳运动、质量足够大、自身引力使得其外形呈球状，并已经把周围区域清除干净的天体。根据上述原则，冥王星并不属于行星的范畴，因为它没有清除掉其轨道周围的其他天体。因此，冥王星、阋神星与谷神星均被定义为矮行星。除卫星以外，其他体积稍小的天体仍有待细化。

太阳之外 行星的定义是针对我们的太阳系而言的。但该定义可以同样适用于太阳系之外的系统。现如今，在太阳系之外，已经发现了数百颗围绕着其他恒星运动的行星。这些行星之所以被发现，主要是因为它们给各自所围绕的恒星施加了引力。它们中的大多数都与木星类似，是由气体组成的庞然大物，质量很大。然而，最新发射的航天器，如 2009 年升空的开普勒太空望远镜，正努力在其他恒星周围寻找类似地球的小型行星。

另一个引发争议的定义当属恒星的定义。恒星是像太阳一样的气体星球，由于质量足够大，已经在核心引发了核聚变反应，由此产生的能量使得恒星自身能够发光。但行星大小的气体星球（比如木星）与体积最小、最昏暗的恒星（比如褐矮星）之间的差别并不明显。未被点燃的恒星和所谓自由漂浮行星可能在太空中为数众多。

行星卓尔不群

02 日心说

现在，众所周知，地球和其他行星是围绕着太阳运动的。但在17世纪以前，由于没有足够的证据，这个事实一直未得到广泛接受。日心说彻底改变了人们的世界观：人类并非处于宇宙的中心，恰与当时盛行的哲学与宗教理论相悖。从神创论到对宇宙学的理性认识，类似的有关人类在宇宙中所处位置的争论至今仍在继续。

早期的人类希望宇宙是绕着他们转的。古代的宇宙模型把地球置于中央，其他的一切均以地球为中心向外部延展。当时，人们设想所有天体都附着在围绕地球旋转的同心水晶球上，所有恒星都固定在水晶球上或通过水晶球上的小孔透出光来，每晚都会围绕地球的南北极运动。由此一来，地球是宇宙核心的地位就坐实了。

但是，有证据显示这种人类“受用”的模型是错误的，而这些证据也难倒了几代自然哲学家。早在公元前 270 年，古希腊哲学家阿里斯塔克就已经提出了天体是围绕太阳而非地球运动的观点。通过计算地球与太阳的相对体积，阿里斯塔克发现太阳的体积要远远大于地球。因此，体积较小的地球绕体积更大的太阳运动似乎更加合情合理。

公元 2 世纪，古希腊天文学家托勒密使用数学方法预测恒星和行星的运行轨迹。他的计算与实际吻合得相当不错，但仍有些明显的天体运行轨迹与模型不符。最令人迷惑不解的是行星偶尔会掉转方向，逆向运

大事年表

公元前 270 年

古希腊人提出了日心说模型

公元 2 世纪

托勒密增加本轮以解释行星逆行

动，这种现象被称为逆行。和前人一样，托勒密设想那些行星是运行在天空中的巨大轮盘上，于是他通过在运行轨道上增加更多轮环的办法来自圆其说。他认为行星在各自主轨道上运行的同时还围绕着直径较小的圆环转动，就如同一个巨大的发条装置。这种叠加的“本轮”会让行星偶尔逆向运动。

“本轮”的观点在以后不断得到完善，长时间里占据主导位置。大自然青睐完美几何图形的观点正合哲学家的心意。尽管如此，随着天文学家测量出更加精确的行星运动轨迹，发条装置越来越难以解释这些结果。数据日益准确，不符合模型的情况也日益增多。

哥白尼的模型 数个世纪以来，日心说只是偶尔被提起，但从未受到正视。地心说的观点根深蒂固，其他的理论都被斥为随意的主观猜测。因此，以太阳为中心的模型直到16世纪才得以充分发展。波兰天文学家尼古拉·哥白尼在1543年出版的《天体运行论》一书中描述了一个精确详细的日心说模型。该模型把行星逆向运动解释为从同样绕太阳运转的地球上观察行星绕太阳运转时产生的现象。

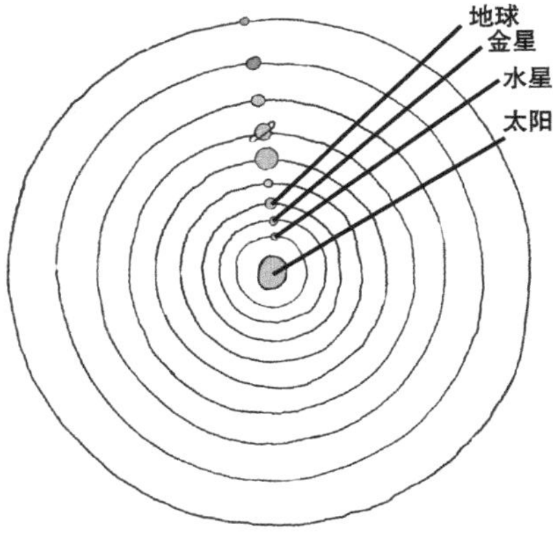

哥白尼模型向当时正统的宇宙学发出了挑战，具有深远的影响。当时，教会和上流社会支持托勒密的

> **“最终我们应该把太阳置于宇宙的中心。”**
>
> ——尼古拉·哥白尼

1543 年	1609 年	1633 年
哥白尼发表日心说模型	伽利略发现木星的卫星，开普勒提出轨道的椭圆形模型	伽利略由于宣扬日心说而受到审判

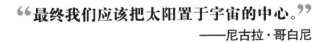

尼古拉 · 哥白尼（1473—1543）

哥白尼生于波兰的托伦市，是一名教士，曾先后学习过法学、医学、天文学以及占星术。哥白尼被托勒密有关宇宙秩序的理论所吸引，但他抱着批判的态度，建立了自己的系统，即地球和其他行星围绕太阳运动。他于1543年3月出版了著作《天体运行论》，并在两个月后去世。该书对于确立以太阳为中心的宇宙理论具有突破性意义，不过，与现代天文学理论仍然相距甚远。

地心说，因此哥白尼很谨慎，直到去世前才出版了自己的著作。死后，他的观点传了下来，但并没有引起太大的反响。日心说的发展有待下一位更为强硬的接班人。

伽利略的信念　众所周知，意大利天文学家伽利略·伽利莱捍卫日心说，从而挑战了罗马天主教会的权威。他的勇气源于他利用新发明的望远镜所观测到的结果。伽利略使用天文望远镜遥望苍穹，比前人看得更清晰，并借此找到了证明地球并非万物中心的证据。木星拥有数颗围绕其运行的卫星，而金星像月球一样存在相位的变化。1610年，伽利略在其著作《星际使者》中公布了这些发现。

伽利略对日心说胸有成竹，曾在致克里斯蒂娜大公爵夫人的信中捍卫自己的观点。他宣称人们看到太阳在空中移动都是因为地球自转，为此，梵蒂冈教廷传令要他前去罗马。教会的天文学家利用望远镜目睹了同样的现象，教廷才承认其观测结果的正确性。 然而，无论伽利略简单易懂的理论多么吸引人，教会都拒绝接受。他们声称这一理论只是假设，完全不足信。1616年，教会禁止伽利略“坚持、捍卫”或者宣扬日心说这一充满争议的观点。

开普勒的理论　与此同时，一位德国天文学家也在利用数学方法进行着行星运动轨迹方面的研究工作。1609年，即伽利略拿起望远镜观测星空的同一年，约翰尼斯·开普勒出版了《新天文学》一书，发表了

“把相信已经证实的学说当做异端无疑对人类心灵有害。”

——伽利略·伽利莱

对于火星运动路径的分析。开普勒发现，椭圆形比圆形更适合用来描述这颗红色行星的公转轨道。从行星轨道是完美圆形的思维定式中解放出来后，他设计出了超越哥白尼模型的宇宙模型，提高了行星运行轨迹计算的准确度。开普勒的构想现在已被视为一条基本的物理学定律，但在当时却极为超前，长时间里不被人们所接受。伽利略就是其中之一，他根本没有理会开普勒的定律。

虽然受到了教会的限制，但伽利略仍然坚信日心说的正确性。教皇乌尔班八世要求他写一本书，毫无偏见地阐释地心说与日心说两个体系。于是伽利略创作了《关于两种世界体系的对话》一书，把自己的观点置于教会的理论之上，令教皇十分恼火。1633 年，梵蒂冈教廷再次召唤他来到罗马，并以违反禁令的罪名对其进行了审判。为此，伽利略的余生都被软禁在家，直到 1642 年与世长辞。将近四个世纪之后，在曾饱受非议的《关于两种世界体系的对话》一书出版 400 周年纪念日前夕，梵蒂冈教会才向伽利略正式道歉。

逐步得到认可 数个世纪以来，越来越多的证据显示，日心说确实是正确的。开普勒的轨道结构不仅经受住了考验，还对牛顿万有引力理论的提出有着积极的影响。人们发现了更多的行星，它们围绕太阳公转显然是不争的事实。因此，地球是宇宙中心的观点再也站不住脚了。

太阳才是中心

03 开普勒定律

约翰尼斯·开普勒提出的行星运动三大定律是现代物理学的基石。三大定律叙述了行星围绕太阳运行的椭圆形轨道、行星公转一周所需的时间，以及距离太阳越远的行星公转速度越慢的原因。尽管开普勒是具有远见卓识的时代先行者，但恐怕就连他自己也不会料到，如今三大定律同样适用于围绕更遥远的恒星运动的行星，还被应用于人类探查暗物质的研究。

现代天文学始于 1609 年，以开普勒的巨著《新天文学》的出版为标志。开普勒是一名德国数学家，曾担任丹麦天文学家第谷·布拉赫的助手。根据第谷精心记录的火星运行轨迹数据，他得出了用于描述行星公转轨道的方程。第谷是一位才华横溢的仪器制造者，他对于火星运行轨迹的测量十分精确，远远超过之前所有的测量结果。然而，是开普勒最终提出了新的理论框架，将这些数据整合到了一起。

椭圆形轨道 1609 年，开普勒在其著作《新天文学》中提出了两条有关行星轨道的定律，又在 1619 年公布了第三条定律。开普勒第一定律指出，行星沿椭圆形轨道绕太阳运动，而太阳则位于椭圆的一个焦点上。这一认识可谓石破天惊，因为当时天文学家都坚信行星轨道必定是完美的圆形。从古希腊时期开始，人们就对圆形、正方形、正四面体这样的简单几何图形有着特殊的崇敬之情。大家相信大自然偏爱完美，憎恶不完美。开普勒同样继承了这样的信念。起初，他设想行星镶嵌在以太阳为中心的、相互嵌套的水晶球之上，各球面之间的间距取决于从

大事年表

约公元前 580 年
毕达哥拉斯提出行星在完美的圆球面上运动

约公元 150 年
托勒密利用本轮来解释行星逆行

1543 年
哥白尼提出行星围绕太阳运动

开普勒三大定律

第一定律：行星沿椭圆形轨道围绕太阳公转，太阳在椭圆的一个焦点上。

第二定律：行星在围绕太阳公转的过程中，相等时间内所扫过的区域面积也相等。

第三定律：公转周期与椭圆轨道的大小成一定比例，周期的平方与椭圆半长轴的立方成正比。

正多边形中得出的数学比例。然而，第谷的数据改变了他的想法。

线索源自火星的运动方式。在太阳系各大行星中，除水星外，火星的公转轨道是最扁的。因此，它在空中的运动也是最不均匀的。从地球上望去，人们会发现火星的速度变化多端；而且，它有时候会逆行一大步，打个圈，然后再向前进。在开普勒之前，天文学家为了解释这些奇怪的逆行现象，在大的圆形轨道上额外增加了一些小的圆环，也就是本轮。开普勒发现用椭圆形轨道能更好地解释火星古怪的运行轨迹。因为我们所处的位置是不断移动的，所以当我们观察太阳系时，其他行星有时候看上去就像在向后退。开普勒就这样解答了这个困扰天文学家数个世纪的难题。

开普勒在第二定律中描述了行星公转的速度：行星在椭圆形轨道上公转时，在相同的时间内扫过的区域面积也相等。这里，“扫过的区域”指的是行星与太阳之间的连线在一定时间内经过的区域（如下页图，从 A 到 B 或者从 C 到 D），形状类似大饼的一角。当行星距

“我曾测量天空，现在测量幽冥。灵魂飞向天国，肉体安息土中。”

——开普勒为自己撰写的墓志铭

1576 年	1609 年	1687 年	2009 年
第谷·布拉赫画出了行星位置图	开普勒发表了第一定律和第二定律	牛顿提出了万有引力定律	NASA（美国国家航空航天局）发射了开普勒卫星以搜索系外行星

约翰尼斯·开普勒（1571—1630）

约翰尼斯·开普勒在德国长大，幼年与母亲一起住在外祖父的小旅馆里。他从小便对天文学很感兴趣，不到十岁的时候就在日记中记录了自己观察到的彗星和月食现象。从蒂宾根大学毕业后，他应聘到格拉茨一所学校担任数学教师。开普勒相信上帝，认为宇宙是由上帝按照数学法则创造的，并在《宇宙的神秘》一书中阐述了他的宇宙学观点。之后，他来到布拉格郊区的天文台，担任第谷·布拉赫的助手，并于1601年接替第谷担任皇室数学家。上任后，开普勒一边制作占星图为皇帝算命，一边分析第谷留下来的观测数据，出版了《新天文学》，发表了行星的椭圆形轨道理论以及行星运动的第一、第二定律。行星运动的第三定律发表于《世界的和谐》一书中。

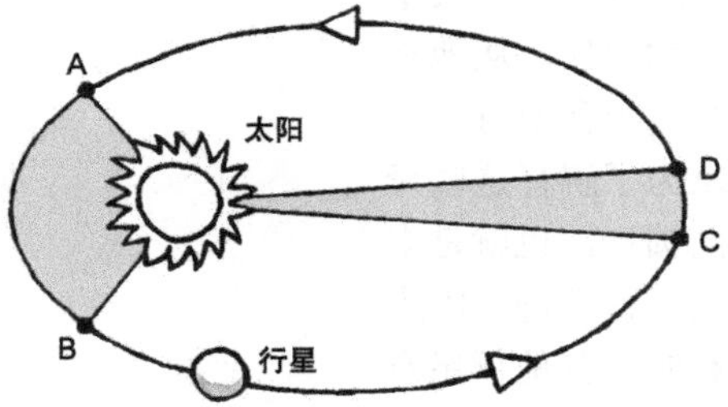

离太阳较近时，它移动的速度较快，画出的“大饼”也较宽；当行星距离太阳较远时，它移动的速度较慢，在相同时间内所截的角度就较小。但根据开普勒第二定律，又长又窄的“大饼”与又短又宽的“大饼”的面积是一样大的。开普勒通过研究火星运行速度与其所处位置之间的关系，搞清楚了这条定律。

开普勒的第三定律更进一步，阐明了对于位置不同、轨道尺寸各异的各颗行星，其公转周期与椭圆轨道之间具有一定的比例关系，即公转周期的平方与椭圆轨道半长轴的立方成正比。椭圆形轨道越长，行星公

“科学的学习应当也通过实验。通过天文望远镜亲眼目睹一颗行星的面貌，比所有的天文学讲座更有意义；用自己的肘部感受电火花的刺激，比所有的电学理论更有价值；闻闻笑气或者观看一场模拟的火山爆发，比阅读几部化学著作更有收获。”

——拉尔夫·沃尔多·爱默生

“事物背后的原理都很简单，我们所有的定律均是如此。尽管它们的实际表现错综复杂，但它们本质上都是简单至极的。”

——理查德·费曼

转一周所需的时间就越长。因此，距离太阳较远的行星公转的速度比近处行星的慢一些。地球绕太阳公转一周需要一年，火星的公转周期接近两个地球年，土星是 29 个地球年，海王星是 165 个地球年，而水星只需 88 个地球日。木星如果也以水星的速度运行，那么它公转一圈只需 3.5 个地球年，但实际却是接近 12 个地球年。

时代先行者 四个世纪以来，开普勒定律经受住了时间的考验。这些定律同样适用于围绕其他天体运转的任何天体，包括太阳系中的彗星、小行星和卫星，围绕其他恒星运动的行星，甚至是围绕地球飞行的人造卫星。而且开普勒还属于最早一批通过观测和分析来验证宇宙理论的天文学家，这正是我们如今使用的科学方法。

开普勒成功地将几何定律应用于天文学原理，但他并不清楚定律之所以适用的内在原因。他相信他的定律源自大自然的内在几何模式。后来牛顿把这些定律统一进了一个关于引力的通用理论。

天体的定律

04 牛顿的万有引力定律

艾萨克·牛顿认为，由于引力的作用，所有物体均是相互吸引的，而吸引力的大小与物体间距离的平方成反比。他的想法“上能入天，下可入地”，不但能解释行星的轨道状况，还可以解释物体的下落现象。万有引力定律揭示了地球上和整个宇宙中万物的运动规律，尽管后来被广义相对论所取代，但仍然是物理学中最为重要的思想之一。

据说，牛顿是在思索苹果为什么会从树上掉下来的过程中无意间想到了引力的概念，或者说，是这个概念“砸中”了牛顿。不过，在1728年出版的著作《论世界之体系》中，他并没有提到苹果落地，而是描述了另一个思维实验。假如在高山上架设一门加农炮，如果在出膛时炮弹的速度较慢，那么它很快就会落到地上；如果出膛速度加快，那么它飞行的距离会更远；当出膛速度达到某个特定值时，炮弹虽然会下落，但永远不会落到地面上，而是围绕地球旋转，形成一条公转轨道；若速度继续增大，那么它将脱离地球，飞向宇宙空间。

地心引力 根据自己早年提出的受力物体运动法则，牛顿知道，假如没有任何阻力，炮弹轨迹应该是一条直线；但当施加有外力的时候，炮弹的飞行方向或速度将会发生改变，加速度大小与力的大小成正比。因此，炮弹既然以弧线轨迹飞行，必然存在外力的作用。这个外力指向地心，便是地心引力，它使得任何物体下落时都具有 $9.81m/s^2$ 的重力加速度。

在奥运会上，运动员投掷链球时，必须用力把链子拉紧才能让球一

大事年表

公元前 350 年

亚里士多德讨论物体掉落的原因

1609 年

开普勒揭示出了行星轨道的定律

艾萨克·牛顿（1643—1727）

艾萨克·牛顿是英国历史上第一位获得爵士封号的科学家。尽管在进入大学之前表现得“自由散漫”，考入剑桥大学后也一直默默无闻，但到了1665年的夏天，大学因黑死病肆虐而停课，他却突然大放异彩。回到位于林肯郡的家后，牛顿全身心地投入到数学、物理学和天文学的研究中。在此期间，他奠定了微积分的基础，提出了运动三大定律的雏形，并推导出了引力平方反比定律，取得了一系列炫目的成就。1669年，年仅27岁的牛顿就被授予了卢卡斯数学教授的职位。随后，他把注意力转向光学领域，利用棱镜的折射发现白光是由多种颜色构成的，并由此引发了那场与罗伯特·胡克和克里斯蒂安·惠更斯的著名论战（即光的波动说与微粒说之争）。牛顿主要的著作有两本，分别是《自然哲学之数学原理》和《光学》。职业生涯晚期，牛顿变得非常关心政治。当年，英王詹姆斯二世曾试图介入大学的职务任命，牛顿挺身而出，捍卫学术的自由。1689年，他进入了议会。牛顿是个充满矛盾的人物，一方面逐名趋势，另一方面又性格孤僻，不愿被人批评。他仗着自己位高权重，极力打压学术“敌人”，为此饱受争议，直至离世。

直转圈。同理，地球的引力就是一条牢固的隐形链子。在运动员放手的瞬间，外力随之撤去，球体便笔直地飞出。引力也是以同样的方式作用于上述思维实验中的加农炮弹。牛顿认为同样是由于引力的作用，月亮才会高挂在空中，地球乃至所有行星才会固定在轨道上围绕太阳运动。适用于小小苹果的原理，同样适用于整个宇宙。

> **“君子不重则不威，学则不固。”**
>
> ——孔子

解决了细节问题后，牛顿提出了万有引力定律。他发现引力大小与物体质量之间存在比例关系。地球体积庞大，因此地心引力大于地表任何物体（比如蚂蚁或者人类）对地球施加的反向拉力。尽管双方均向对方施加拉力，但由于地球质量大得多，地心引力便占据主导地位。月球

1687年	1905年	1915年
牛顿的《自然哲学之数学原理》一书出版	爱因斯坦提出了狭义相对论	爱因斯坦提出了广义相对论

对地球表面上的海洋作用明显，引发了潮涨潮落。木星的质量更大，足以干扰所有的行星，并吸引彗星坠入其活跃的云层中。

重量 引力赋予了重量以意义。当我们站在体重秤上时，它会显示我们施加其上的压力。如果我们是在月球或火星上，由于这些星球质量较小，引力也会更弱，示数就会改变。你在月球上的体重是你在地球上体重的六分之一。这也就是为什么航天员喜欢在那儿迈着大步前进，也喜欢挥杆打高尔夫球。在火星上，你的体重也会轻一些——大概是你正常体重的40%。但在土星上，你会觉得自己重了两倍多。因此，物理学家通常使用“质量”这个概念。质量与物体含有的原子数或者运动所需的能量是基本一致的，与地点无关，而重量则取决于你所处的位置。

牛顿还注意到引力能隔空产生作用。尽管月球与地球之间并不直接接触，但月球仍然受到了地球引力的作用。他计算出引力遵循平方反比律，即引力的大小与物体间距离的平方成反比。如果月球与地球之间的距离变成现在的两倍，那么受到的地球引力会减小到现在的四分之一；如果距离变为现在的三倍，那么引力将减小到现在的九分之一。

牛顿的万有引力定律只用一个等式就解释了开普勒三大定律的内容

重力变化

在地球上，如果我们仔细观察，可能会注意到局部重力存在微小的不同。由于不同密度的高山巨石能够增加或减小附近区域的引力大小，人们可以利用重力仪来测绘地形图，了解地壳结构。有时候，考古学家也借助极小的重力变化探查深埋地下的沉积物。近期，科学家已经开始使用卫星测量重力，以此记录覆盖在地球两极的正在减少的冰层，或者探测大地震后地壳发生的变化。

“任意两个物体都相互吸引。引力沿两物体连心线的方向，大小与各物体的质量成正比，与两者间距离的平方成反比。”

——艾萨克·牛顿

（参见第 3 章）。行星沿椭圆形轨道旋转，离太阳越近，受到的引力就越大，运动速度也就越快；当它远离太阳时，速度又渐渐慢下来，直到再次开始转向太阳。

加速度

在地球表面，自由下落的物体由于重力的作用而产生加速度，重力加速度的数值为 9.81m/s^2。

牛顿把自己对于引力的全部思想都写进了《自然哲学之数学原理》一书。这本书出版于 1687 年，被奉为科学界的里程碑，至今备受尊崇。牛顿的万有引力定律不但阐明了行星和卫星的运动方式，还解释了导弹、钟摆以及苹果的运动规律。他分析了彗星的运行轨道、潮汐的形成与地轴的摆动现象。他成为史上最伟大的科家之一，这本书功不可没。

牛顿的引力理论可以成功地解释我们可以看到的绝大多数物体，甚至是在太阳系中离太阳较远、所受引力较弱的行星、彗星以及小行星。他的万有引力定律十分强大，成功地预测了海王星的位置。1846 年，天文学家在预期的位置发现了海王星，它比天王星距离太阳更远。但要想解释水星运行轨道的特殊情况，还需要更加先进的理论。人们需要用广义相对论（参见第 23 章）来解释引力特别大的情况，比如在太阳、恒星以及黑洞附近的地方。

广泛存在的引力

05 牛顿的光学理论

通过挖掘光的物理学特性，天文学家们揭示出了宇宙中的许多奥秘。艾萨克·牛顿就是首批试图了解光学特性的科学家之一。他让白光通过玻璃棱镜，发现光分解成了彩虹的七种颜色，并且这些颜色都来自白光本身，并非棱镜改变了光的颜色。现在，我们知道可见光属于一段特定的电磁波谱，介于无线电波与伽马射线之间。

一束白光透过棱镜，会分散为像彩虹一样的七色光。自然中的彩虹形成的原理与此类似，太阳光透过水滴散射为我们熟悉的七色光谱：红、橙、黄、绿、蓝、靛、紫。

17 世纪 60 年代，牛顿利用光束和棱镜在自己的房间内做实验，证明了多种颜色的光混合在一起可以形成白光。颜色是光的基本组成部分，而前人一直误以为颜色是后来混合而成的，或者是由棱镜产生的。牛顿分离出了纯净的红光和蓝光，并证明单色光即使再次透过棱镜，也不会进一步分解。

光波 通过更多的实验，牛顿总结出光的特性在许多方面与水波相似。如同波浪拍打在岸堤上一样，光遇到障碍物时也会弯曲方向。如同层层叠叠的水波一样，光束也能够相互叠加，从而增加或减弱亮度。

水波是大量不可见水分子运动的结果。牛顿认为，光波本质上是由微小的光粒子或“微粒”所形成的涟漪，这些微粒甚至比原子还要小。

大事年表

1672 年
牛顿解释彩虹现象

1678 年
克里斯蒂安·惠更斯发表光波理论

1839 年
亚历山大·贝克勒尔观测到光电效应

几个世纪后人们才发现，光波是一种电磁波，是由相应的电场与磁场产生的，并非来自固体粒子的运动，但是牛顿当年并不知晓。光的电磁波特性公之于世后，牛顿的微粒理论便变得岌岌可危。然而，阿尔伯特·爱因斯坦发现，光有时也像一束粒子，能够承载能量，但并不具有质量。这让牛顿的理论以一种新的形式“卷土重来”。

“光为我们带来了宇宙的消息。”
——威廉·亨利·布拉格爵士

光谱 光的不同颜色来源于这些电磁波的不同波长。波长是相邻两个波峰之间的距离。一束白光透过棱镜时，被分散为许多种颜色，这是因为每种颜色的光在透镜上以不同的角度发生了折射。根据光的波长，棱镜使光按照特定的角度偏折，红光偏折角度最小，蓝光最大，从而形成了彩虹的色阶。可见光的光谱按照波长的顺序排列，从波长最长的红光开始，然后是绿光，最后是波长最短的蓝光。

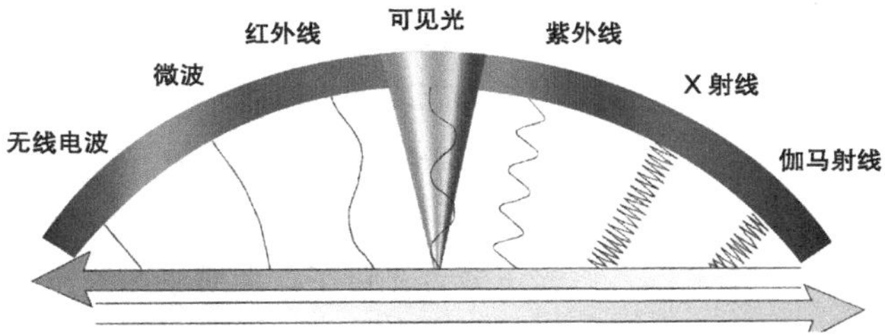

彩虹的两侧分别是什么颜色呢？可见光只是电磁波谱的一部分，却对我们很重要，是因为人眼对这部分波谱比较敏感，我们可以利用可见光。由于可见光的波长与原子和分子的直径大致相当，都是数千亿分之一米，因此光与物质中的原子之间可以发生强烈的相互作用。可见光之所以“可见”，是因为我们的双眼经过进化，对原子结构变得很敏感。牛顿对眼睛的工作原理很着迷，甚至曾经用一根很粗的针刺向自己眼睛后方，以体会压力是如何影响眼睛对颜色的感知能力的。

1873 年
詹姆斯·克拉克·麦克斯韦等式揭示出光是一种电磁波

1895 年
威廉·伦琴发现 X 射线

1905 年
爱因斯坦提出光在某些特定情况下能够表现出粒子的特性

红光外侧的光是红外线，波长达到数百万分之一米。阳光中承载了太阳温暖的光线就是红外线；通过夜视仪可以“看到”物体散发出的热量，其实看到的也是红外线。微波的波长更长一些，长度为毫米或者厘米量级。而无线电波的波长可达数米，甚至更长。微波炉使用微波令食物中的水分子旋转运动，从而加热食物。在光谱的另一端，蓝光外侧的光线为紫外线。紫外线来自太阳，对皮肤有害，不过地球的臭氧层拦截了大部分紫外线。波长更短的 X 射线之所以在医院中被广泛应用是因为它可以穿透人体组织。而波长最短的光线当属伽马射线。天文学家观察各个波段的天空，从而认识宇宙。

光子　然而，光线并不总是以波的形式示人的——牛顿的理论半对半错。光线传播的能量的确是以微小粒子形式承载的。这种粒子被称为光子或者光量子，无质量，以光速移动。光子是由爱因斯坦发现的。他发现了光电效应，即蓝光和紫外光照射在金属上能够引发电流。但是只有蓝光或紫外线照射时才有反应，如果是红光，则不管光线多么强烈都没有电流产生。只有光波的频率超过临界值时才会产生移动的电荷，而且不同金属的临界值不同。临界值表明，必须等能量累积到一定值后，电荷才能移动。

1905 年，爱因斯坦提出了一个颇具颠覆性的解释。他正是凭借这

物质波

1924 年，路易·维克多·德布洛意提出了相反的观点，认为物质粒子也可以表现得像波一样。他设想所有物体都有确定的缔合波长，暗示波粒二象性普遍成立。三年之后，人们发现电子像光一样可以发生衍射和干涉，物质波的思想就此确立。如今，物理学家发现体积较大的粒子同样具有波的性质，比如中子和质子，甚至连富勒烯这样的大分子也是如此。体积较大的物体，像钢珠和獾这样，波长短到完全看不到，因此我们不会察觉其波的特性。在球场上飞来飞去的网球的波长是 10^{-34} 米，比质子波长 10^{-15} 米要短得多。

“道法自然，久藏玄冥，天降牛顿，万物生明。”

——亚历山大·蒲柏为牛顿拟作的墓志铭

项成就（而非相对论），获得了1921年的诺贝尔物理学奖。他认为并不是连续光波对金属造成了整体的冲击，而是单个光子高速撞击金属中的电子，使电子逸出，从而产生了光电效应。由于每个光子承载的能量大小与其自身频率成比例，所以受到撞击的电子的能量也与光波频率成比例关系。

红光频率低，其光子所承载的能量不足以使电子逸出；而蓝光频率较高，光子携带的能量较多，因此能够产生电流；紫外线光子的能量更高，所以它能够猛烈撞击电子，并赋予其更快的速度。增加光束的强度并不会带来任何变化，因为如果红光光子根本不能令电子逸出，那么有再多的红光光子也只能像用乒乓球射击一辆重型越野车一样，完全无济于事。起初，爱因斯坦的光子理论看起来荒诞离奇，并没有引起太大的反响，但是后来实验证实了其正确性，舆论导向才发生了变化。进一步实验确定，逸出的电子能量与光的频率成正比。

波粒二象性 爱因斯坦的理论提出了一个令人难以接受的观点：光既是波，也是粒子。这就是光的波粒二象性。时至今日，物理学家依然对两者的冲突关系感到纠结。我们甚至发现，光似乎知道要在不同的情况下表现出不同的特性。如果你准备做实验测定光波的性质，比如让光通过棱镜，那么光就会表现得像波一样；相反，如果你打算测定其粒子特性，那么它也会乖乖就范。光真的具有双重性质。

彩虹之外

06 望远镜

17世纪望远镜的发明是现代天文学的开端。它为人类打开了一扇通往太阳系的窗户，使土星环和带外行星都显露在世人面前。在确定地球是围绕太阳旋转的过程中，望远镜发挥了至关重要的作用。最终，它让我们认识了整个可见的宇宙。

众所周知，伽利略是最早使用望远镜的天文学家之一。1609 年，他通过望远镜观测，发现了木星的四颗卫星、水星的盈亏现象以及月球表面的环形山。然而，当时他也只是在赶时髦罢了。

没有哪个人享有望远镜发明者的称号。荷兰人汉斯·利伯希是最早试图申请望远镜专利的人之一。1608 年，他提交了申请，但由于望远镜的原理已经相当普及，他的申请并没有通过。当时的人们已普遍认识到，表面弯曲的透明材料具有放大图像的功能，而至少早在 13 世纪，人们就把小扁豆状的透镜用作放大镜和眼镜。有记录显示，16 世纪中叶，人们就已经制造出了望远镜，并用它来观测月球。但是由于玻璃制造水平的限制，上等品质的光学仪器直到 17 世纪才得到推广。优质的透镜即使用来观察暗淡的天体，也能产生清晰的影像。

放大率 望远镜的工作原理是什么呢？最简单的望远镜只是一根管子，两端各安装一块透镜。第一块透镜把来自物体的光向中心聚集，使光源看起来更大；第二块透镜作为目镜，重新把光束变成平行光，从而让它们到达眼睛后可以聚焦成像。

大事年表

1609 年

伽利略使用望远镜进行天文观测

1668 年

牛顿制造出反射式望远镜

透镜能使光线偏折，这种现象称为折射。光在密度较大的材料中传播的速度较小，比如，光在玻璃中比在空气中传播得更慢。因此我们可以解释为什么在炎热的公路上会看到水塘的幻象。由于太阳烘烤，柏油路面上方形成了热空气层，其密度小于冷空气的密度。光线原本从天空中垂直射向地面，但是穿过热空气层时，速度发生了改变，方向也发生了弯折，倾斜着掠过公路表面，因此路面上会出现天空的映像，看起来就像一小片水洼一样。

“我们用望远镜看过去，用显微镜看现在。因此，现在的穷凶极恶就昭然若揭了。”

——维克多·雨果

光线折射的角度与其在两种材质中的相对传播速度有关。严格来讲，两速度之比等于入射角与折射角（相应光线与交界面垂线的夹角）的正弦值之比。因此，光线若是从空气射向玻璃或者其他密度较大的物质，便会向内折射，光路与交界面的夹角也会变得更大。

折射率 光在真空中有惊人的传播速度，每秒传播 3×10^8 米。某种密度较大的介质（如玻璃）中的光速与真空中的光速之比，称为该介质的折射率。根据定义，真空的折射率为 1。在折射率为 2 的介质中，光的传播速度是真空中光速的二分之一。某种介质折射率很高，就意味着通过它的光会出现明显的偏折。

折射率是介质的固有属性。人们可以为了一定的用途来设计介质，使之具有特定折射率，比如用来设计望远镜或者制作矫正视力的镜片。透镜与棱镜的放大率取决于其自身的折射率，若放大率较大，则折射率也较高。

双透镜折射望远镜有一些缺点。由于光线在射入目镜之前发生了交叉，所以最终呈现出的图像是倒置的。

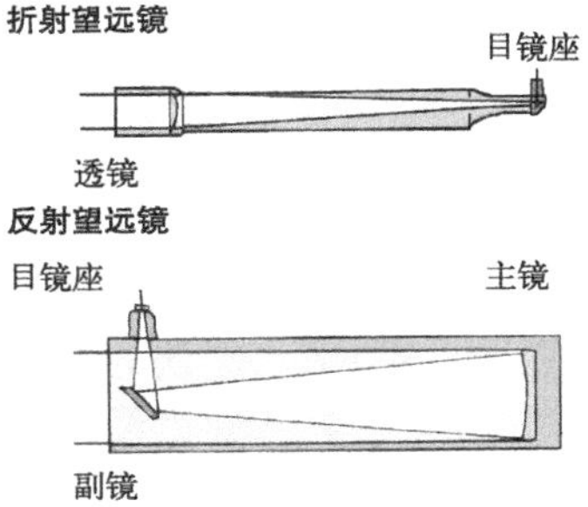

1937 年
第一台专门用于天文观测的射电望远镜建成

1990 年
哈勃太空望远镜发射

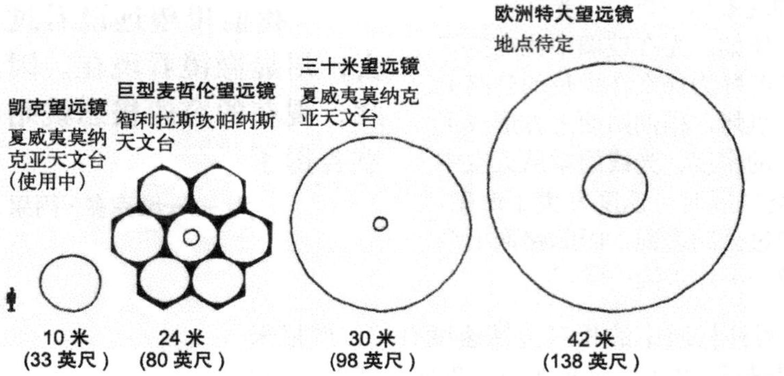

对于天文学研究来说，这一般不能算是问题，因为恒星的倒像和正像没什么两样。增加一块透镜，把图像再颠倒一次，就可以修正这个问题。但这样一来，望远镜就会变得又长又笨重。最严重的问题其实在于，折射望远镜的图像模糊不清。不同波长的光有不同的折射程度，蓝光比红光弯折角度更大，因此各种颜色会分散开，最终的图像会变得不清晰。现在的新型透镜能够大大降低色差，但这种透镜口径有限，不能做得太大。

反射望远镜 为了解决上述问题，牛顿发明了反射望远镜。他把一个透镜换成凹面镜，用反射的方式改变光线方向，直接把望远镜的长度缩短了一半，更方便携带。同时，由于镜面以相同的方式反射所有颜色的光，避免了色差，从而不会使图像模糊。然而，镜面镀银技术在牛顿的时代还不够发达，牛顿式望远镜过了数百年才得以完善。

现在，大多数专业天文望远镜都是反射望远镜。它们不使用透镜，而是用巨大的反射镜面来收集源自天体的光线并把光线反射到目镜里。镜面的大小决定了收集的光有多少，如果镜面很大，则可以看到十分暗淡的天体。在现代光学望远镜中，最大的镜面有一个房间那么大，比如已经投入使用的两台凯克望远镜，位于美国夏威夷莫纳克亚山顶，口径大约为 10 米。在未来的数十年间，人们计划建造更多更大的天文望远镜，口径甚至可以达到 100 米。

巨大的镜面是很难建造的。当望远镜倾斜转动以观测天空时，镜面由于重量过大会发生变形。人们需要使用巧妙的建造方法，以尽量降低镜面的自重。有的镜面先分成小块造好，然后拼成整体；也有的镜面是小心旋转烧制而成的，这种镜面非常轻薄，同时形状又很精确。还有一种方法称为“自适应光学”，就是将一整套微小的活塞系统固定在镜面背后，把倾斜的镜面向上推起，从而时刻修正镜面的形状。

> “一旦有了天文台和望远镜，我们就期望着每一双眼睛都能即刻看到新世界。”
>
> ——亨利·戴维·梭罗

闪烁的恒星 除望远镜自身的影响以外，天体图像的清晰度还会因为地球大气层的湍流而降低。即使在最晴朗的夜晚，恒星看上去也是一闪一闪的，而且靠近地平线的恒星要比那些挂在头顶上的恒星闪烁得剧烈。这是因为它们前方有气湍经过。天文学家把大气层影响的恒星图像模糊程度称为“视宁度”。由于光线具有衍射的特性，在透镜、隙缝或反射镜的边缘，光的传播方向会发生弯曲，因此望远镜光学元器件的大小也会严重限制星光的聚集度。

为了得到最清晰的恒星和行星图像，天文学家选择特殊的地点放置天文望远镜。在地球表面，最佳的地点是空气稀薄（比如山顶）、气流平稳（比如海边）的高地，比如智利的安第斯山脉和美国夏威夷的火山山顶。而最最理想的地方莫过于没有大气层的太空了。围绕地球旋转的哈勃太空望远镜拍摄出了迄今最为清晰的宇宙图像。

望远镜能够在可见光波长以外的波长条件下工作。在望远镜上安装类似夜视仪的仪器后，只要设备本身保持低温，就能够探测红外线，也就是捕捉到热辐射。而 X 射线因为波长极短，最好是在太空中用装有反射镜的卫星来追踪。无线电波也可以探测到，可以使用巨大的单镜面望远镜，比如 007 系列电影中出现过的阿雷西博射电望远镜；或者使用大量小型天线组成的阵列，比如科幻电影《超时空接触》中出现过的美国新墨西哥州甚大阵。也许，地球本身就是一架终极望远镜——宇宙的基本粒子每天都从它身边呼啸而过，而物理学家已经布下天罗地网，试图捕捉这些粒子的行踪。

弯折光线以放大

07 夫琅和费线

在恒星的光谱中，隐藏着一种化学指纹。在恒星炽热的大气层中，气体会吸收或者发射光，形成或明或暗的光谱线。这些谱线具有特定的波长，最早发现于太阳光中，其实是来自原子的标记。在天文学探测中，它们是一种非常有利用价值的工具，已经揭示出了恒星和星系的化学组成、天体的运动以及宇宙的膨胀现象。

如果让太阳光通过棱镜，你会看到一道七色光谱，其中有一系列暗条纹，类似于条形码。因为某些具有特定波长的光线已经被太阳大气层中的气体吸收，所以在光谱上消失了，也就形成了这些暗线。每条线均对应着一个化学元素，这些元素处于不同状态，具有不同的能量，可能是中性的原子，也可能是激发态的离子。通过绘制出谱线组成的图谱，人们能够研究出太阳的化学组成。

尽管早在1802年，英国天文学家威廉·海德·沃拉斯顿就注意到了这些吸收谱线，但是直到1814年才有人首次研究它们。德国顶级透镜制造师约瑟夫·冯·夫琅和费率先进行了详细的研究，这一系列光谱线因此以他的名字命名。当年，夫琅和费可以辨认出500余条光谱线；如今，利用现代设备，我们已经能够探测到上万条。

独特的化学组成 古斯塔夫·基尔霍夫和罗伯特·本生是两位德国化学家。19世纪50年代，他们在实验室中发现，每种化学元素都对应一个独特的、呈阶梯状的吸收线谱。在太阳中，氢元素是最主要的化学

大事年表

1802年 沃拉斯顿发现太阳光谱中的暗线

1814年 夫琅和费测量数百条光谱线

约瑟夫·冯·夫琅和费（1787—1826）

约瑟夫·冯·夫琅和费于1787年生于德国巴伐利亚，出身卑微，却成为了世界级的光学玻璃制造专家。他11岁便成为孤儿，进入一家玻璃作坊当学徒。1801年，这家作坊发生崩塌，巴伐利亚的一位王子把他救起，并让他继续学习。夫琅和费在一家顶级的修道院接受了专业训练，成为了闻名遐迩的光学玻璃与光学仪器制造师。他在科学事业上取得了显著的成就，曾担任过光学学院的主任，成为了贵族和慕尼黑的荣誉市民。但是他与同时期的众多玻璃工匠一样，由于重金属蒸气中毒而英年早逝，去世时年仅39岁。

元素。而太阳光谱中还有多种其他元素的吸收线，包括氦、碳、氧、钠、钙、铁等。每种元素都拥有独特的吸收线条形码。

“那是天上的星辰，天上的星辰主宰着我们的命运。”

——威廉·莎士比亚

来自其他恒星的光线同样蕴含着化学指纹。光谱学通过光谱研究物质的化学组成和结构，是天文学中极为有效的研究手段，因为它揭示出了恒星、星云、行星大气层和遥远星系的组成成分。天文学家不可能把恒星和星系搬进自己的实验室，也无法亲自去那里考察，因此必须依靠远距离的观测结果和巧妙的研究方法。

有时，这些谱线并不是暗线，反而是亮线，这样的谱线称为发射谱线。有些光源非常明亮，比如最炽热的恒星和明亮的类星体，由于能量极大，它们的气体不吸收特征波长的光子，反而释放这些光子，以此降低自身的温度。荧光灯也会发射出一系列亮线，它们的波长与灯管内气体（比如氖气）的激发态原子对应。

1842年
多普勒解释光谱线的位移现象

1859年
基尔霍夫和本生在实验室中创立光谱学

1912年
维斯托·斯里弗发现星系的红移现象

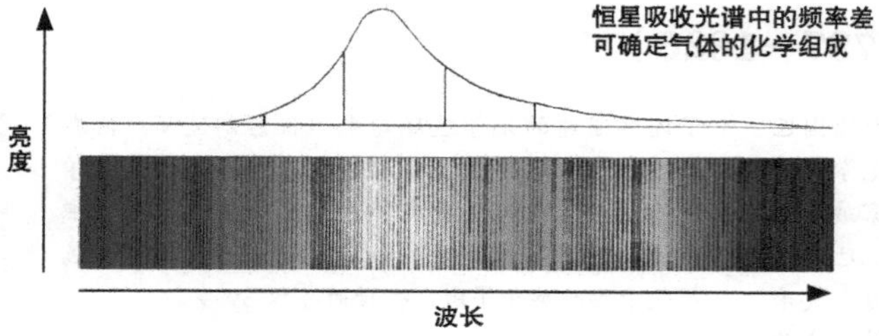

光栅 为了把光按波长分散开，人们经常用到一种名为光栅的光学元件。玻璃棱镜体积大，而且折光程度受到折射率的限制。而光栅则不同，它由一排密集的平行狭缝构成，使用时插入光路中。夫琅和费使用一排金属线制造出了首个光栅。

光栅之所以有用，是因为光具有波的特性。光束穿过光栅的每道狭缝时，由于衍射而分散开来，偏转的程度与光的波长正相关，与狭缝的宽度负相关。缝隙越狭窄，光通过后分散得越明显，而且红光比蓝光的衍射程度更大。

多道狭缝将光线叠加在一起，还利用到了光的另外一种特性——干涉，也就是光波的波峰和波谷或相互加强，或相互抵消，叠加而成的图案同样由明纹和暗纹交替排列。在每道条纹中，光被进一步分散开，分散的程度依然与波长成正比，与狭缝间距则成反比。通过控制狭缝的数量、间距以及宽度，天文学家便能够掌控光线色散的程度，并且有办法测定吸收谱线和发射谱线。因此，较之棱镜，光栅的功能更加强大、更加丰富。

有些科技馆的商店里会卖一种简易光栅，是在胶片上蚀刻一些狭缝制成的。如果透过这种光栅看充有氖气的霓虹灯，你会观察到炽热的氖气的特征谱线，它们像条形码一样出现在你的眼前。

诊断学 光谱线不仅仅是化学元素的指示物。由于每条谱线均与某一特定的原子状态相对应，其波长可以在实验室中准确测得，其特征能量由原子结构决定。尽管与太阳系相比，原子的结构更为复杂，寿命也更为短暂，但依然可以做一个简单的类比。由质子与中子构成的原子核质量较大，就好比是太阳，而电子就仿佛是行星。当电子像行星那样，

“我不知为何而来，亦不问前路何方—— 万千星球、星辰、星系，无垠宇宙茫茫，或生机仍在，或早已灭亡，而小小一颗原子，我何必挂在心上？”

——乔治·戈登·拜伦

从一条轨道移动到另一条轨道上时，能量就以光子的形式消耗或者释放出来，也就产生了吸收谱线和发射谱线。

拥有适当能量的光子撞击电子，使之进入更高能级的轨道，就会产生吸收谱线；电子把自身多余的能量贡献给光子，从而回到较低能级的轨道，同时产生发射谱线。电子在轨道间跃迁所需的能量由原子的种类与状态决定，数值非常精确。在温度极高的气体中，外层电子可以全部脱离轨道，电子发生了电离，成为了离子。

光谱线是由基本的物理反应产生的，因此它们对于气体的许多物理特性都很敏感。气体的温度可以由谱线宽度推算得到，因为温度较高的气体产生的谱线宽度较大。谱线强度之比可以提供更多的信息，比如气体的电离度。

光谱线的另一个用途是测量天体的移动。特定光谱线的波长可以测定得非常精确，因此该光谱线的位置出现任何微小的变化都表明光源发生了移动。由于多普勒效应（参见第 8 章），如果恒星整体正在离我们远去，那么它的光谱会发生红移，反之则发生蓝移。位移的程度可通过光谱线测得。从更大范围上说，这些“红移”甚至揭示出了宇宙的膨胀现象。

恒星的“条形码”

08 多普勒效应

由于多普勒效应，处于移动状态的物体发出的声光信号的频率会发生变化。正如呼啸而过的救护车发出的警笛声会随着车逐渐远去而音调降低，遥远的行星和恒星辐射出的光波也会因为光源的移动而改变波长，从而改变颜色。宇宙的膨胀引发了一个类似的效应，叫做红移，即远离我们的星系距离我们越远，其颜色越红。

1842 年，在尝试解释双星颜色变化的时候，奥地利数学家和天文学家克里斯蒂安·多普勒提出，相对运动会影响星光的颜色。尽管这一理论并没有完整地描绘出星光的色调，但他却无意间找到了一种极为有用的工具。该工具至今仍被广泛应用于天文学和物理学界的速度测量工作之中，而且还为大量其他的发现打开了方便之门。

精调谐 当光波或声波的波源与观察者发生相对运动时，便会产生多普勒效应。当波源接近观察者时，每道波移动的距离必定要略微地缩短，因此，波峰到来的速率会更快。由于相邻波峰之间的距离缩短，频率会更高。当波源快速离开时，波阵面会完全地落在后边。因此，声音的时间间隔变长，声调降低。这就是救护车呼啸而过时警笛的音调会降低的原因。在多普勒所处的时代，科学家通过让乐师在火车上演奏的方式证明了这一现象。比如说，小号手在车厢内吹奏出一个纯正的 A 调，但站台上的听众听起来却变了调。

如果频率变换的幅度是可测的，那么就能藉此确定波源的移动速度。设想在一列行驶的列车上，某个人借助其腕表的计时器功能，每秒

大事年表

1842 年

多普勒提交了有关星光色彩变化的论文

克里斯蒂安 · 多普勒（1803—1853）

作为一位为后世留下了丰厚科学遗产的科学家，克里斯蒂安·多普勒一生都从事着平凡的工作。他出生在奥地利萨尔茨堡的一个石匠家庭。由于身体十分虚弱不能继承家族的生意，他进入了维也纳的大学攻读数学、哲学以及天文学课程。在去布拉格从事教育工作之前，他曾经做过会计，甚至一度考虑过移民美国。尽管被擢升为教授，但多普勒仍然疲于繁重的教学工作，并饱受健康问题的困扰。他的一位密友曾写道："很难相信如此硕果累累的奥地利天才竟然过着这样平凡的生活。我曾给许多人致信，希望他们能够让多普勒更多地投身于科学，不要让他因过度操劳而搭上性命。然而，我仍然担心会出现最坏的结果。"多普勒最终离开布拉格，返回了维也纳。1842 年，他撰写论文描述了恒星的颜色变化，即我们今天所说的多普勒效应。尽管被认为是异想天开，但他还是从其他主流科学家那里获得了一定的认可。诋毁多普勒的人们质疑他的数学水平，但他的朋友对于他的科学创造力给予了极高的评价。

钟向你投掷一个球。当列车渐行渐远时，球飞到你面前的频率会越来越低。如果你用手表记录下这一变化，便能够计算出投掷者所在列车的运行速度。同样，多普勒效应还可用于测量车辆的速度，测量服药后血液的流动速度，等等。

在天文学领域，多普勒效应十分常见，只要是移动的物体，都有多普勒效应。该效应在寻找围绕太阳以外的恒星旋转的行星——系外行星，以及在追踪双星运行轨迹方面的作用尤其明显。如果远方的恒星非常耀眼，那么想要找到一颗围绕其旋转的微小、暗淡的行星是十分困

“几乎可以肯定，在不远的将来，这将为天文学家提供一个受用的方法以确定此类恒星的运动和距离。”

——克里斯蒂安·多普勒

1912 年

维斯托·斯里弗测量出了星系的红移

1992 年

利用多普勒的方法，首次探测到了一颗系外行星

系外行星

目前，已经发现了200多颗围绕太阳以外的恒星旋转的行星。大多数为木星那样的气态巨星，但距离各自的中央恒星更近一些。不过，也发现了少数大小与地球相仿、可能由岩石构成的系外行星。大约每十颗恒星中就有一颗恒星拥有围绕其公转的行星。这让人们不禁猜测，某些行星上也许蕴藏着生命。绝大多数系外行星是通过观察行星施加在母恒星上的引力发现的。相对于耀眼的母恒星而言，行星是极为渺小暗淡的，因此，天文学家很难发现它们。然而，行星的质量会令母恒星发生轻微的晃动。由于多普勒效应，母恒星光谱中特定谱线的频率会改变，因此，这种晃动是能够被察觉的。1992年，天文学家在一颗脉冲星的附近第一次发现了系外行星；1995年，天文学家第一次在一颗普通恒星周围找到了系外行星。尽管目前还属于常规探测，但天文学家仍然希望能找到与太阳系相似的系统，并试图搞清楚不同的行星组态是如何产生的。人们寄希望于通过新型太空望远镜找到大量的类地行星，例如，2009年美国国家航空航天局就发射了开普勒太空望远镜。

难的。但是，如果行星的质量足够大，由于万有引力的作用，它会给恒星施加一个拉力。在其公转过程中，两个天体会围绕它们的质量中心旋转。这个中心点相对于两星体的位置会发生变化，更接近于质量较大的恒星。因此，明亮的恒星不会静止不动，而是随着行星的公转在一个较小的圆形轨道上移动。

红移 在地球上，通过恒星辐射出的光线能够察觉到恒星的晃动。多普勒效应细微地改变了恒星的色调。因此，当恒星接近我们的时候，看上去会更蓝一些；而当恒星远离我们的时候，看上去会更红一些。如果在恒星的光谱中找到这种鲜明的特征——“蓝移”或“红移”，那么天文学家便能够确定恒星周围一定有一颗行星正在扰动它。从20世纪90年代开始，通过在恒星散发出的光芒中搜寻这种特征，天文学家已经成功地发现了数百颗系外行星。

宇宙自身的膨胀同样能够产生红移现象，这种红移现象被称作宇宙学红移。当宇宙膨胀时，地球与遥远星系之间的间隔会不断增大，看上去好像星系正在以特定的速度离我们远去。这就好比正在充气的气球上的两点，看上去也是相距得越来越远。由于光波不得不传播更远的

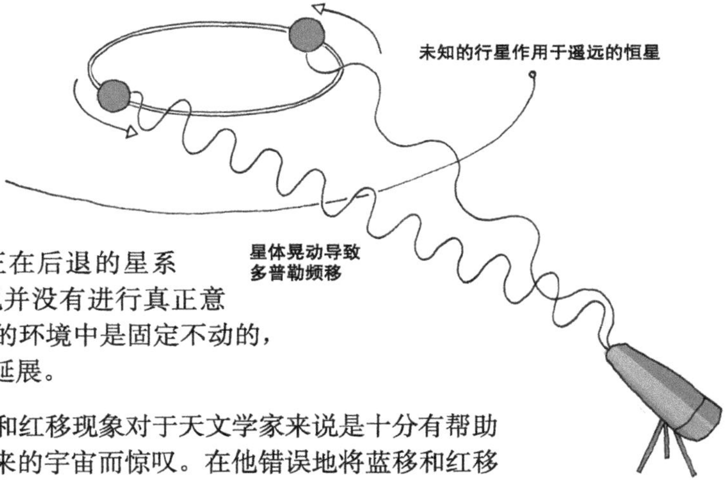

距离才能到达地球，星系辐射出的光波频率会降低。这也是距离地球非常遥远的星系要比地球附近的星系看上去更红一些的原因。严格地讲，宇宙学红移并不是真正的多普勒效应，因为正在后退的星系相对于周围的其他天体来说并没有进行真正意义上的移动。星系在其所处的环境中是固定不动的，只是它们之间的间隔在不断延展。

如果多普勒认识到蓝移和红移现象对于天文学家来说是十分有帮助的，他也许会为它们展现出来的宇宙而惊叹。在他错误地将蓝移和红移现象应用于双星研究的几十年后，天文学家维斯托·斯里弗测量出了星系的红移，以此奠定了宇宙大爆炸模型发展的基础。现如今，多普勒效应可以帮助我们在遥远的恒星周围探寻可能存在生命的世界。

红移值（z）的定义

红移和蓝移用观测到的某天体波长（或频率）与该天体实际辐射波长的比例来表示。天文学家使用无量纲符号 z 指代此比例关系。因此，观测到的波长与辐射波长之比为 1+z。

如此定义后，红移值被用作地球与天体间距离的简便表达方式。例如，若某星系与地球间的距离为 z=1，那么我们观测到的该星系波长是其辐射波长的两倍。此星体可能位于（从地球上看上去的）宇宙的中间地带。距离我们最远的已知星系的红移值（z）在 7~9 之间，那么这个星系就位于宇宙的五分之四处。人类能够看到的最远距离——宇宙微波背景辐射——所处位置的红移值约等于 1000，即 z≈1000。

弹性音调

09 视差

恒星究竟距离我们有多远？从处于运动状态的地球上看，距离我们较近的天体似乎比距离较远的天体运动得快一些。视差法正是利用了这一事实。由此产生的细微的位置变化告诉我们，地球与离它最近的恒星之间的距离也是与太阳之间距离的一百多万倍。绝大多数这样的恒星处于一个圆盘上，这个圆盘构成了地球所在的星系，也就是我们在天空中看到的那个带状星系——银河系。

当人们开始认识到恒星并非细小如豆而是宛如无数个遥远的“太阳”时，便产生了疑问：这些“太阳”到底距离我们有多远？人们将恒星组成的图案称为星座，例如猎户座、大熊座以及南十字座。不过，它们在宇宙空间中是如何分布的？这个问题困扰了人们数个世纪。

第一个线索是恒星并不是均匀地分布在苍穹之中的，大多数处于银河系这一乳白色带状区域中。从南半球看银河系是最明亮的，特别是人马星座附近的区域。该区域常年覆盖着密密麻麻的黑云以及明亮却又模糊的云雾状星云。如今我们知道银河系的带子上囊括了数十亿颗若隐若现的恒星，肉眼看起来是模糊一片。如果精确地描绘出它们的位置，我们会发现恒星是簇拥在旋臂之上的。银河系中的恒星由于受万有引力的作用，会围绕银河系的中心呈旋涡状分布，好像肥皂泡沫在浴室的排水孔周围旋转一样。安静地“躺”在银河系边缘的太阳就位于其中的一条旋臂上。但是，这一切又是如何产生的呢？

银河系 银河系得名于拉丁语 Via Lactica，意为“奶色之路”，它

大事年表

1573 年	1674 年	1725 年
迪格斯提出视差法	胡克探测到了天龙座 γ 星的位置变换	布拉德利提出了恒星光行差理论

曾令古人困惑不解，包括亚里士多德与阿那克萨哥拉在内的希腊哲学先贤曾怀疑，它是否是由远处无数熊熊燃烧的恒星组成的。然而，他们没有办法去仔细地了解银河系。直到1610年，伽利略利用他的望远镜揭开了这层神秘的面纱，发现了大量以个体形式存在的恒星。

角秒

天文学家使用投影角来测量天际间的距离。月亮的直径约为半度。一度可进一步划分为60角分（'），一角分等于60角秒（"）。因此，一角秒等于1/3600度。

德国哲学家伊曼努尔·康德认为，恒星在宇宙空间中是立体分布的。他在1755年发表论文指出，由于引力的作用，银河系内的恒星处于一个巨大的圆盘上，就像太阳系内的行星在一个平面上围绕太阳运动。恒星之所以在天际中勾勒出了一条带子，是因为我们是从圆盘上的某个位置对它们进行的观察。

1785年，英国天文学家威廉·赫歇尔煞费苦心地观测了数百颗恒星，详细地测量出了银河系圆盘的形状。描绘出它们的位置后，他认识到位于天空一边的恒星数量要远远多于另一边。他认为，太阳所在的位置只是银河系圆盘的一个边缘，而并非之前所认为的那样——处在银河系的中心。

遥远 尽管人们曾一度认为所有的恒星与地球之间的距离几乎是相等的，但天文学家还是逐步地认识到这是不可能的。显然，恒星不是均匀分布的。艾萨克·牛顿的万有引力定律表明，如果恒星的质量可观，那么它们将会相互吸引，就像行星被太阳吸引那样。然而，由于所有的恒星并非处于同一个星团之中，这种引力必定非常微弱。因此，恒星之间必然相距十分遥远。运用这种推理，牛顿成为首位了解恒星间真正距离的人。

天文学家曾千方百计地测定恒星与地球间的距离。其中一个方法是，以恒星的亮度为基础——如果某颗恒星的亮度与

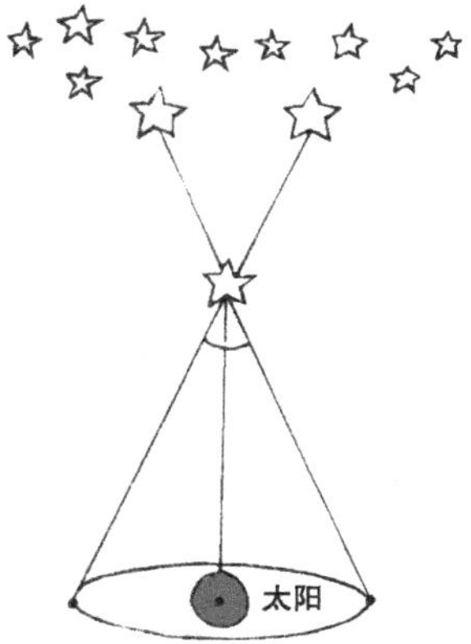

视差

1755年	1785年	1838年	1989年
康德假定银河系呈圆盘状	赫歇尔测量出了银河系的盘状形态	贝塞尔测量出了视差	依巴谷卫星发射

> **秒差距**
>
> 恒星视差通常被定义为从地球和太阳观察某颗恒星的位置差。视差等于以地球公转轨道的平均半径为底边所对应的三角形内角。秒差距（3.26 光年）被定义为该恒星视差为 1 角秒时的距离。

太阳一样，那么其亮度应与距离的平方成反比。利用这个办法，荷兰物理学家克里斯蒂安·惠更斯（1629—1695）计算出了夜空中最亮的恒星——天狼星与地球之间的距离。通过调整屏幕中小孔的大小，他可以精确地让等量的恒星光和太阳光分别射入小孔。在得出与太阳光相对应的孔距后，他断定天狼星与地球间的距离是太阳与地球间距离的数万倍。此后，牛顿通过比较恒星与行星的亮度，提出天狼星的距离是太阳距离的 100 万倍。牛顿的说法更接近真实情况——天狼星与地球之间的距离大概是太阳的 50 万倍。这就揭示了星际空间的广阔程度。

视差 但是，并不是所有的恒星都像太阳那般明亮。1573 年，英国天文学家托马斯·迪格斯提出，地理学家的视差法也可应用于恒星距离的测量。视差是指当你移动经过某目标物体时，观察角度的变化。如果你正穿过一片风景区，那么指向附近小山顶的罗盘方位角要比指向远处高山的指针变化快。换言之，坐在行驶的汽车里，你会看到附近的树木呼啸而过的速度要比远方的树木快。因此，从处于椭圆形轨道上围绕太阳运动的地球上望去，距离较近的恒星每年都会出现小幅度的前后移动，幅度的大小取决于它们与地球之间的距离。

天文学家争先恐后地探寻恒星每年的位置变化，从而测量出与地球之间的距离，并确定太阳系的日心模型。不过，在这个过程中，他们还有意料之外的收获。1674 年，罗伯特·胡克公布了天龙座 γ 星位置的偏移。这颗明亮的恒星从伦敦地区的上空划过，因此，胡克可以利用其屋顶上一个特别建造的孔洞对它进行精确的观测。1680 年，让·皮卡尔德在报告中宣布北极星同样存在周年视差，大约是每年 40 角秒。1689 年，约翰·弗拉姆斯蒂德对此进行了确认。

出于对这些测量结果背后蕴含意义的好奇，詹姆斯·布拉德利先后于 1725 年和 1726 年对天龙座 γ 星季节性的位移重新进行了观测和确认。然而，这些位移看上去并不像是视差。与地球距离不同的恒星本应出现不同程度的位置移动，但这些位移的幅度完全是相等的。他大惑不

罗伯特·胡克（1635—1703）

罗伯特·胡克出生于英格兰威特岛上的一个牧师家庭。他曾就读于牛津的基督教堂学院，并担任物理学家和化学家罗伯特·波义耳的助手。1660 年，他发现了胡克弹性定律，之后不久便被任命为皇家学院的实验管理员。胡克曾用显微镜比较植物细胞与修道士的细胞，5 年后出版了《显微图谱》一书，并在书中首次使用了“细胞”一词。1666 年伦敦大火之后，胡克还曾参与城市重建工作，与克里斯托弗·雷恩一起修建皇家格林尼治天文台、伦敦大火纪念碑以及贝特莱姆皇家医院（又称为 Bedlam）。1703 年，他在伦敦逝世，安葬于伦敦的毕晓普盖特。但到了 19 世纪，他的遗体又被迁葬到了伦敦的北部地区，现在的下落已无从知晓。胡克出席皇家学院会议时记录的手稿长期以来不知下落，但在 2006 年 2 月重现天日，现藏于伦敦的皇家学院。

解。几年后，他终于恍然大悟：这就好比是桅杆上的风向标，当船只改变行驶方向时，风向标指的是风与船只的叠加方向。因此，地球的转动正在改变着我们观察恒星的方式。当我们围绕太阳公转时，所有的恒星均发生了轻微的倾斜。这一意外发现被称为恒星光行差，再次印证了地球是围绕太阳运动的。

> **“如果我比别人看得更远，那是因为我站在巨人的肩上。”**
>
> ——艾萨克·牛顿

直到观测仪器足够精密，才最终发现了视差。1838 年，弗雷德里希·贝塞尔第一次成功地测量出了天鹅座 61 的视差。由于这些恒星距离我们过于遥远，视差非常微小，几乎难以测量。例如，距离我们最近的恒星比邻星的视差不足一角秒，还不到其光行差的五十分之一。现如今，诸如欧洲航天局发射的依巴谷卫星这样的卫星已经精确地测量出了地球周围约 10 万颗恒星的位置，也由此得出了大量恒星与地球之间的距离。即便如此，我们所了解到的恒星视差仅占银河系恒星总数量的 1%。

强调恒星的移动

10 宇宙大辩论

1920年，两位智者的一次会晤让人类对宇宙的认知发生了重大的转变——我们的星系只是宇宙众多星系中的一员。宇宙大辩论为证明银河系以外存在其他星系提出了一系列需要验证的问题，而这一观点与地球围绕太阳运动、太阳之外还存在其他恒星等观念一样，都是人们对宇宙认知的根本性变化。

宇宙究竟有多大？到 1920 年，这个问题已经缩小为银河系有多大。在之前的几个世纪里，天文学家已经达成了共识，认为恒星是与太阳相仿的遥远天体，广泛分布于天空中一个扁平的盘状结构上。这个盘状结构的平面在天空中形成了“银河”带，这也是我们给自身所处的星系起的名字。

然而，银河系不仅是由恒星构成的，它还包括许多模糊的云，称为星云。比如，猎户座中猎人腰带上发暗的部分就是马头星云，该星云因其中有一片非常漂亮的暗云酷似马头而得名。大多数星云的形状是不规则的，但也有少数呈椭圆形，并带有层层叠叠的旋涡图样，其中最著名的当属与所属星座同名的仙女星云。

银河系的其他组成部分还包括星团，比如昂宿星团，该星团由一组嵌入模糊区域的蓝色恒星构成，肉眼可见。另外，天空中还布满了密度更高的星团，如球状星团，它由成千上万颗恒星构成，密度较高，外形呈球状。在银河系中，已知的球状星团约有 150 个。

大事年表

1665 年
德国天文爱好者亚伯拉罕·艾尔发现了球状星团

1784 年
发现造父变星

1789 年
赫歇尔给球状星团分类并命名

20世纪初，天文学家开始通过在三维空间内拼合这些天体的分布状况来绘制宇宙的几何结构。他们重点探寻银河系的详细形状，当时，一致以为银河系包含已知宇宙中的一切物质。

大辩论 1920年4月26日，两位伟大的美国天文学家就银河系的尺度问题进行了针锋相对的辩论。他们参加完美国国家科学院召开的会议后，在华盛顿的美国史密森尼学会国家自然历史博物馆展开了辩论。当时有许多优秀的科学家在场，据说其中包括阿尔伯特·爱因斯坦。世人认为，这次辩论提出的逻辑推理促进了人类对宇宙规模认知的转变。

率先发言的是来自加利福尼亚州威尔逊山天文台的年轻天文学家哈罗·沙普利。他的对手是一位更加著名的人物——时任宾夕法尼亚州匹兹堡阿勒格尼天文台台长的希伯·柯蒂斯。同为天文学度量标准方面的专家，两人基于不同的测量标准就银河系的尺度各自阐述了观点。

沙普利已经测量出球状星团与地球之间的距离，发现该距离完全超出了预期值，这意味着我们的星系要比想象中的大10倍——它的直径约为30万光年。此外，他还发现在天空一端的球状星团多于另一端，这表明太阳远离银河系的中心——他的估计值是6万光年或约3万光年。 这样的构想着实令人震惊：太阳只是一颗平凡无奇的恒星，根本就不是万物的中心。

仙女星系

1908年	1920年	1924年
亨丽爱塔·勒维特发现造父变星的性质与距离有关	沙普利与柯蒂斯展开了一场宇宙大辩论	哈勃测量出了处于银河系之外的仙女星云的距离

“不论是宇宙，还是我们在宇宙中的生活，似乎都不会因为科学知识的发展而减弱其神秘的色彩。”

——J.B.S. 霍尔丹

而柯蒂斯关注的则是另一个问题——旋涡星云的本质。此类结构的星云具有独特的特性，他和其他天文学家认为，它们属于银河系外的一种截然不同的天体。这个观点与当时关于银河系半径较小的假设不谋而合。

两位天文学家结论上的冲突引出了一个亟待解决的重要问题。沙普利的最新测量结果大幅扩大了银河系的疆域，以至于柯蒂斯提出的存在河外星云的可能性受到了挑战。然而，古怪的旋涡星云又显得与银河系内的其他星云格格不入。因此，亟需对证据进行进一步检视。

论点 两位天文学家均拿出了数据来支持各自的观点。根据球状星团与地球间距的测量数据，沙普利得出的结论是：银河系十分浩瀚，我们在夜空中看到的一切事物都在银河系的范围内。他在测量中巧妙地利用了一种特殊类型的变星。这种变星的光变周期与其亮度成正比，被称为造父变星（Cepheid variable star），得名于其典型代表仙王座δ星（Delta Cephei）。从本质上说，这些明亮的脉动变星就像是固定瓦数的电灯泡，因此可以确定它们与地球之间的距离。

柯蒂斯则比较谨慎。他反驳道：银河系不可能如此之大——也许造父变星与我们之间的距离测量得并不正确——旋涡星云的特性表明它们必定处于银河系之外。旋涡星云仿佛是我们星系的缩影，与银河系一样，也包含了类似数量的爆炸恒星，旋转方式相似，体积相同；还有一

光年

一光年是指光在一年内走过的距离。光的传播速度大约是 30 万千米/秒。因此，在一年的时间里，光走过的距离大概是 10 万亿千米。银河系的长度约为 15 万光年，仙女星系与地球之间的距离大约是 230 万光年。

天文单位

在我们的太阳系中，天文学家有时候会用到一个距离单位，称作天文单位（AU）。AU 的定义是地球与太阳之间的平均距离，大约为 1.5 亿千米。水星与太阳之间的距离大约为 1/3 个 AU，而冥王星与地球之间的平均距离为 40 AU。

些星云的最长轴上存在暗带，表明它们也呈圆盘状。这些星云看上去就像是其他星系，表明我们的星系并不是唯一的。

孰是孰非呢？这次辩论打了个平手，没有真正意义上的赢家。二人均部分正确，部分错误。两人在各自擅长的领域得出的结论都是正确的。沙普利测量出的距离接近事实，而且，太阳的确不在中心位置上。但更重要的是，柯蒂斯的观点也基本准确——星云不在银河系内，它们是“岛宇宙”。1924 年，埃德温·哈勃结合了双方的证据，运用沙普利判断造父变星距离的技巧测量出了距离我们最近的邻居星系之一仙女星云的距离，发现它与我们之间的距离要比球状星团远得多。它确确实实是在银河系之外。

结果 尽管这次辩论并没有像搏击比赛那样分出胜负，反而更像是一次公开的讨论，但它提出了一系列有待天文学家去检验的问题。于是，这场辩论成为转变对宇宙规模认知的分水岭。

就像哥白尼把地球从宇宙的中心位置拉下马、用太阳取而代之一样，沙普利也否定了太阳的中心位置，以银河系的内核取而代之。柯蒂斯则走得更远，他向世人表明银河系并非独一无二的，它只不过是几十亿个星系中的一员。人类在宇宙中的位置真是难以确定。

星系的范围

第二部分

宇宙学

11 奥伯斯佯谬

如果宇宙是无边无垠的，那么夜空为什么是黑暗的而不是繁星密布呢？19世纪，德国天文学家海因里希·奥伯斯对此进行了一番研究和思考。从现代的观点看来，他的回答意义深远：宇宙并不是永远向前发展的，恒星的数量也是有限的。这些观点为宇宙大爆炸理论以及宇宙学其他方面的理论创造了条件。

每个夜晚，我们都对宇宙进行深入的观察——夜空是黑暗的。这似乎是显而易见的，毕竟，宇宙几乎是空的。但是，如果你更深入地思考一下，它不应该如此。比如，站在森林中时，你可能因为树干的遮挡而看不到森林的边缘。同理，如果宇宙无限宽广，那么天空就会被密密麻麻的恒星覆盖。夜空应如白昼般明亮。但显然，事实并非如此。

亮点 早在17世纪，约翰尼斯·开普勒就曾注意到黑暗夜空这个自相矛盾的现象。1823年，海因里希·奥伯斯更加审慎地阐述了此佯谬。他提出，如果宇宙是无边无际的，向四面八方无限延展，那么不论我们看向哪个方向，终将看到一颗恒星。每条视线都将落在某颗恒星的表面上。而且，如果所有的恒星都如太阳般明亮，那么天空中每个点的亮度都应是相等的。

尽管在浩如烟海的宇宙空间中，恒星只不过是沧海一粟，但是，如果它们分布均匀，当我们看向最遥远的地方时，仍应有足够多的恒星覆盖在天空上。在我们看来，距离越远的恒星亮度越低。恒星的亮度如牛

大事年表

1610年

开普勒注意到夜空是黑暗的

1832年

奥伯斯系统地阐述以自己的名字命名的佯谬

顿的平方反比率所说的那样，随着距离增加而急速降低。然而，这并不能成为光线稀少的原因。因为，我们眺望的距离越远，宇宙向我们敞开的空间就越大。虽然远方的星光愈发暗淡，但恒星的数量却在逐渐增加，因此光线的亮度本应增强。

在边际 对于佯谬有几种不同的解释。每种解释都揭示了宇宙学中一个不可忽视的真理。第一种解释是宇宙是有边界的。如果它不是无边无垠的，那么恒星的数量就是有限的。并非天空的各个部分均存在恒星，因此天空不会像太阳那般明亮。这个观点与我们对宇宙的认识是吻合的——宇宙是有开端的，只是已经膨胀，但其大小依然是有限的。

另一种解释是恒星在宇宙中的分布可能会逐渐稀疏。也许，远处的恒星数量要比近处的少。或者，之所以看起来如此，是因为当我们远眺宇宙时，我们看到的其实是过去。就像远古时代人类的数量较少，甚至在某个历史阶段根本不存在人类，因此，宇宙中恒星的数量也可能已经发生了变化。恒星也许是不久之前才出现的天象，那么，当我们回顾过去时，看到的恒星就会较少，因为大多数还没有形成呢。

宇宙看上去像是一架时间机器，这是因为光的速度是固定的，即 30 万千米 / 秒。因此，与近处的恒星相比，从遥远的恒星辐射出的光线到达地球的时间会更久。太阳光线到达地球需要 8 分钟，从离地球第二近的恒星——半人马座 α 星发射出的光线到达地球则需要 4 年。位于银河

1912 年	1929 年	1965 年
维斯托·斯里弗首次在星系的谱线中发现了红移	哈勃发现了宇宙的膨胀	彭齐亚斯和威尔逊发现了宇宙微波背景辐射

光污染

现在，黑暗的夜空越来越难看到了。城市的光污染导致人们在市区看到的星星数量越来越少。在大城市中心，仅有数十颗星星是肉眼可见的。而在数十年前，人们可以看到上千颗星星。在绝大多数城镇，用肉眼几乎看不见银河系的弧线。天文学家担心，人们即将失去曾经启发过几代科学家以及非专业人士的美丽夜空。各类机构都开展运动，呼吁人们多关注文化流失，多采用科学技术来解决光污染问题，比如，发明向下照射路面而不向上照射天空的节能灯，或者发明由运动传感器控制开关的节能灯。像保护地面景观一样，现在也涌现了很多暗夜公园。

系另一端的恒星与地球之间的距离大约是10万光年，因此我们看到的这些恒星实际上是它们10万年前的样子。光线从距离我们最近的仙女星系到达地球要历时200万年。它也是肉眼能够看到的最远的星系。

因此，在远眺宇宙时，我们看到的其实是往昔。遥远的恒星看上去要比临近的恒星年轻一些，那是因为它们的光线经历了很长时间才到达地球。如果，那些年轻的恒星相对较少的话，可能会帮助我们解开奥伯斯佯谬。为何远处的、属于较早时期宇宙的恒星数量稀少呢？其中一个原因是那个时期大部分恒星还没有形成，太阳这样的恒星的寿命大约是100亿年（体积较大的恒星寿命短，体积较小的恒星寿命长）。所以，恒星不是永远存在的。

还有一种解释是，远处的恒星数量之所以看起来较少，是因为光线散射，其波长超出了可见波长的范围，使得它们显得暗淡无光。由于宇宙的膨胀，红移可能会产生以下效果：远方的恒星看起来偏红，抑或它们只在红外波长下才可见。这也可能限制了从宇宙的最远端到达地球的光线数量。

也有人提出了一些另类的观点，比如，自远方射过来的光线被外星文明的煤烟、铁针或奇怪的灰尘阻挡住了。然而，任何被吸收的光线都将作为热能再次辐射出来，出现在电磁谱的其他地方。天文学家已经对

“如果你也曾像我这样观察恒星，也曾试图弄明白看到的一切，那么你也会对宇宙的起源感到好奇。”

——史蒂芬·威廉·霍金

夜空中各种波长的光线进行了检测，从无线电波到伽马射线，均一一检测，并没发现任何可见星光被阻挡的迹象。

黑暗时期 综上所述，基于夜空是黑暗的这个简单明了的事实，我们能够多方面地认识宇宙。宇宙的体积和寿命是有限的，而且恒星不是永远存在的。这些概念是现代宇宙学的基础。我们看到的最古老的恒星大约有 130 亿岁，因此，可以肯定宇宙在这之前就已经形成了。尽管如此，根据奥伯斯佯谬，宇宙的年龄不可能比 130 亿岁大太多，否则我们就能观测到更早期的恒星了。

由于我们所见的最古老的星系辐射出的光线发生了高度红移，所以，它们看上去比临近的星系和恒星更红。因此，如此遥远的天体是很难观测的，不仅因为它们昏暗，而且因为它们辐射出的光线大部分都色散为红外线。天文学家必须使用特殊的望远镜和仪器才能找到它们。因此，在年轻的宇宙中，我们只知晓少量的恒星和星系。事实上，天文学家已经给首批恒星的形成时期起了一个绰号——宇宙的“黑暗时期”。那里的星系特别红，以至于全都不可见。天文学家有一个目标，就是要找到这些最早形成的天体，了解它们的构造以及恒星与星系是如何在万有引力的作用下从一粒粒渺小的种子茁壮成长起来的。

奥伯斯并不知晓佯谬的答案，但是，他提出的这个问题吸引了当代宇宙学家的目光。所有相关证据都催生了大爆炸理论。该理论认为，宇宙是从大约 140 亿年前发生的一次大爆炸演化而来的。

宇宙是有界限的

12 哈勃定律

20世纪20年代，美国天文学家埃德温·哈勃发现了一个事实：宇宙正在膨胀。从星系的移动中他发现了一种趋势——距离我们最遥远的那些星系远离我们的速度最快。这种退行速度与距离成正比的关系被称作哈勃定律。这个发现非比寻常，它引出了大爆炸理论。

天文学的历史其实是一部人类对自己在宇宙中所处位置的认知变迁史。16 世纪时，人们认识到地球围绕太阳运动而非太阳围绕地球运动，这引发了不小的骚乱。然而，20 世纪 20 年代，哈勃发现宇宙正在膨胀，这对于现代人来说也是一个不小的震惊。哈勃根据星系（由于图像模糊，当时它们被称作星云）的望远镜观测数据，得出了这一非比寻常的结论，揭示了这些星系相对于地球的运动状态及距离。在对大量星系的特性进行观测后，他发现了一种趋势。首先，所有遥远的星系都在退行，只有离我们较近的少数星系在缓慢地向我们移动。其次，它们退行的速度与距离成特定的比例关系，即星系距离地球越远，飞离我们的速度越快。

宇宙的膨胀 星系的退行速度与距离之比约为 72 千米 /（秒·百万秒差距）（一百万秒差距等于 326.2 万光年，或 3×10^{22} 米）。该比值又

“天文学的历史就是一段地平线不断退却的历史。”

——埃德温·哈勃

大事年表

1918 年 维斯托·斯里弗测量出星云的红移

1920 年 沙普利与柯蒂斯就银河系的大小展开辩论

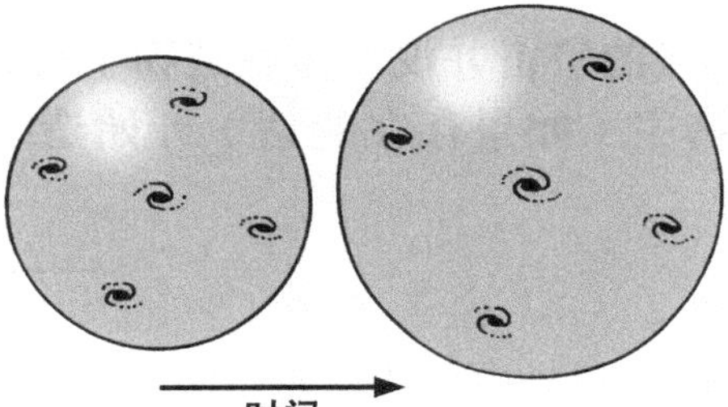

称为哈勃常数，用于测量宇宙的膨胀率。[①]

由于星系之间的空间（事实上是时间与空间的集合体）不断延展，宇宙也随之膨胀。各个星系之间仍然有引力作用，但它们会日益分散。宇宙就像在烘焙过程中不断膨胀的蛋糕，而星系就像夹杂在蛋糕中的葡萄干。

哈勃恰逢一个天文学研究的关键时期，当时天文学家正开始在对夜空进行仔细的观察。19 世纪摄影技术的出现为更加科学系统地研究天空提供了便利——可以通过仔细观察天空的照片来发现不寻常的物体。望远镜技术也得到了发展，有了大口径望远镜，比如口径 100 英寸（2.5 米）的威尔逊山天文台的胡克望远镜。这样，即使是昏暗的目标也能够捕捉到。

新景致 新发现层出不穷，令人应接不暇。1920 年，天文学家认识到太阳只是众多恒星中的一颗。他们对恒星进行了分类，从低温的红色恒星到高温的蓝色恒星等。然而，夜空还有更多惊喜。黑色夜空点缀着昏暗模糊的图像，它们被称作星云。有些星云是恒星的诞生地，有

① 根据普朗克卫星的数据（2013 年 3 月），哈勃常数的最新数值为 67.8±0.77 千米 /（秒·百分秒差距）。——编者注

1922 年
亚历山大·弗里德曼提出大爆炸模型

1929 年
哈勃与米尔顿·赫马森发现哈勃定律

1990 年
哈勃太空望远镜升空

2001 年
哈勃太空望远镜给出了精确的哈勃常数

“一个膨胀的宇宙并没有排除造物主存在的可能性，但它的确给造物主（如果存在的话）开始造物的时间设定了上限。”

——史蒂芬·威廉·霍金

些则是“垂死的”恒星抛射的外层。但是也有些与众不同的星云，它们内嵌着旋涡状的形状。在一次著名的辩论中（参见第 10 章），天文学家哈罗·沙普利与希伯·柯蒂斯各自举证，论证自己有关星云起源的观点。沙普利认为它们处在银河系之中，柯蒂斯则认为它们处在银河系之外。这场辩论之后不到 10 年，哈勃就证明了柯蒂斯的观点是正确的。

他通过测量最明亮、最引人注目的这样一个旋涡星云（位于仙女座）与我们之间的距离证明了柯蒂斯的观点。他利用威尔逊山上架设的天文望远镜追踪了一组被称作造父变星的恒星，根据它们的光变周期，可预测出造父变星的距离。他明确指出，仙女星云与银河系毫无瓜葛。这些星云其实是遥远的星系，与我们的银河系相似，只是距离要更远一些罢了。

有了这次的成功经验，哈勃又开始测量其他一些星系与我们的距离。同时，他比较了距离与这些星系的红移。与多普勒效应（参见第 8

哈勃太空望远镜

1990 年发射升空的哈勃太空望远镜已经捕捉到了一些非常令人震惊和瞩目的宇宙图像。它的体积与一辆双层巴士相仿，长 13 米，宽 4 米，重 11 吨，它搭载的望远镜镜面直径长达 2.4 米。由于配备了整套摄影器材与各种探测器，它可以拍摄出极其清晰的光学图像，同时还可以在其他波段观测恒星以及星系。在投入使用的二十多年里，它使我们目睹了猎户星云中恒星诞生的景象以及宇宙最深处的图像。不过，由于技术逐渐过时，而且宇航员也不会再去维护了，哈勃太空望远镜难免会逐步报废。

“我们发现它们［星云］越来越小，越来越昏暗，数量则不断增长。我们知道我们正在深入太空，愈走愈远。直到利用最好的望远镜所能观测到最暗淡的星云时，我们就到达了已知宇宙的边缘。这最后的地平线是一个直径或许为十亿光年的巨球。”

——埃德温·哈勃

章）类似，红移表明这些星系的远离速度。经过比较，哈勃发现，距离越远的星系，其退行速度越快，但两者大致相差一个常数，约为 500 千米 /（秒·百万移差距）。这个数值离现代值偏差较大，是因为当时哈勃对于距离的估计有误。

时至今日，天文学家仍在使用类似的技术来进一步精确确定哈勃常数值。到 20 世纪 90 年代，天文学家只能确定哈勃常数值为两个数值中的一个。研究人员分成了两大阵营，一方认为是 50 千米 /（秒·百万秒差距），另一方则认为是 100 千米 /（秒·百万秒差距）。然而，通过使用哈勃太空望远镜进行研究以及对宇宙微波背景辐射进行补充观测，最终显示真实的常数数值是 72，恰好位于上述两个数值之间。

宇宙的年龄 如果宇宙正在膨胀，那么它过去必定比现在更紧密，甚至可能曾经被压缩为一个点——这就是大爆炸理论的起点。知道了宇宙的膨胀率，我们就能够推断出膨胀过程经历的时间，从而估算出宇宙的年龄为 137 亿岁。

未来则更难预测。如果膨胀仍将继续，那么随着宇宙继续膨胀，星系也会愈发稀疏，我们能看见的会越来越少。最终，就连星系与恒星都可能会分崩离析，变成一片原子薄雾。

膨胀的宇宙

13 宇宙距离尺度

对天文距离的测量在天文学领域引发了思维模式的大转变。仰观恒星之远、宇宙之大，顿觉自己渺如沧海一粟。银河系的大小以及邻近星云与地球之间距离的确定，开启了星系宇宙的大门。银河系如此宏大，因此没有一种单位可以适用于整个宇宙。宇宙距离尺度是一系列度量方法的综合。

由于宇宙过于宏大，要测量出整个宇宙的跨度是项极具挑战性的工作。适用于银河系内部的长度单位并不适用于对宇宙最深处的测量。因此，人们发明了大量的计量方法，每种方法都应用于不同的范畴。如果不同的方法有交集，就可以把相近的度量单位结合在一起，建立起一系列的梯级，就是所谓的“宇宙距离尺度”。阶梯的梯级丈量着整个宇宙，从太阳附近的空间到距离我们最近的恒星，从银河系到其他星系、星系团，乃至可见宇宙的边缘。

第一个梯级是最为坚固的。使用三角视差法，天文学家能够准确地定位临近的恒星。远足者通常在行进的过程中通过变换自己的位置来定位地图上的某个山顶，同样，地球是运动着的，天文学家可以通过测量某颗恒星相对于遥远的背景星的位移来确定该恒星的位置。天文学家根据移动的幅度判断恒星的距离：临近恒星的运动幅度要比遥远恒星的大。然而，恒星与地球之间的距离太过巨大——最近的恒星距离地球也有 4 光年，所以恒星的位移看起来微乎其微，难以测量。视差法仅仅适用于银河系的一小部分，如需进一步测量，就要使用新方法。

大事年表

1784 年
发现造父变星

1918 年
得出了造父变星的距离标尺

造父变星 阶梯的第二梯级由一些独特的恒星构成。如果你准确地知道某颗恒星的亮度——好像它是一个按比例放大的 100 瓦灯泡，即所谓的“标准烛光”——便能够通过测量它的亮度来确定其距离。亮度与距离的平方成反比，因此，两颗一模一样的恒星，如果其中一颗的距离是另一颗的两倍，那么它的亮度将是另一颗的四分之一。不过，关键在于确定该恒星固有的亮度。由于恒星形状各异、大小不一、颜色多样，从红巨星到白矮星五花八门，所以，这并不是一件轻而易举的事情。对于类型比较罕见的恒星来说，还有一个方法可行。

造父变星是非常有利用价值的标准烛光。恒星的“瓦数”与闪烁的速率有关，对比恒星的“瓦数”与它在天空中显现的亮度就可得出恒星的距离。造父变星的亮度非常高，在整个银河系乃至其他河外星系中均能看到。因此，可以用造父变星来评测银河系周围的宇宙空间。

宇宙尘埃

当测量的距离较长时，使用标准烛光就会遇到一个问题：烛光亮度可能会因障碍物的遮挡而减弱。星系中十分混杂，充满了气云、残骸以及富含碳元素的灰尘，如果你观测的恒星或超新星被一些污染烟雾遮挡，那么它看上去要比实际更昏暗。天文学家正在仔细寻找宇宙灰尘存在的信号，以便克服这个问题。一个明显的信号是宇宙灰尘会改变背景恒星的颜色，使它看上去偏红。就像 1991 年的皮纳图博火山喷发，灰尘射入地球的大气层后，出现了令人惊叹不已的日落景象。一旦天文学家发现了尘埃的迹象，就能据此更正恒星的亮度。

1924 年 哈勃测量出仙女星系的距离

1929 年 哈勃测量出了宇宙的膨胀

1998 年 超新星数据表明存在暗能量

超新星 进一步测量就需要使用更为明亮的标准烛光。在所有恒星中，最亮的“灯塔”当属超新星，即垂死的恒星发生的大规模突发性爆炸。Ia 超新星是一种特殊的超新星，具有极高的利用价值，可用于探测宇宙中较远的距离。它的亮度能够通过其爆炸的速率确定——先突然燃烧然后变暗。

超新星非常罕见。在与银河系大小相仿的星系中，每 50 年可能会有一颗恒星发生爆炸。因此，测量宇宙距离时它们是最有用的，因为宇宙中星系众多，大大增加了你观测到超新星的几率。遥远星系中存在超新星，这暗示着宇宙的膨胀受到了一种神秘莫测的元素的影响，即暗能量——广义相对论方程（参见第 23 章）中的一个反引力项。

红移 在宇宙的度量标尺中，光谱线的红移是使用范围最广的距离标尺。根据哈勃定律，由于宇宙的膨胀，距离越远的星系离我们而去的速度越快，其化学元素的发射谱线与吸收谱线向光谱红色端靠拢的幅度也就越大。然而，由于它表示的仅仅是星系的总体速度，可能会受到天体在星系内局部运动的干扰。所以，红移仅可作为一个表示速度的粗略标尺，要想精确测量距离，或当天体固有运动速率与宇宙膨胀速度接近

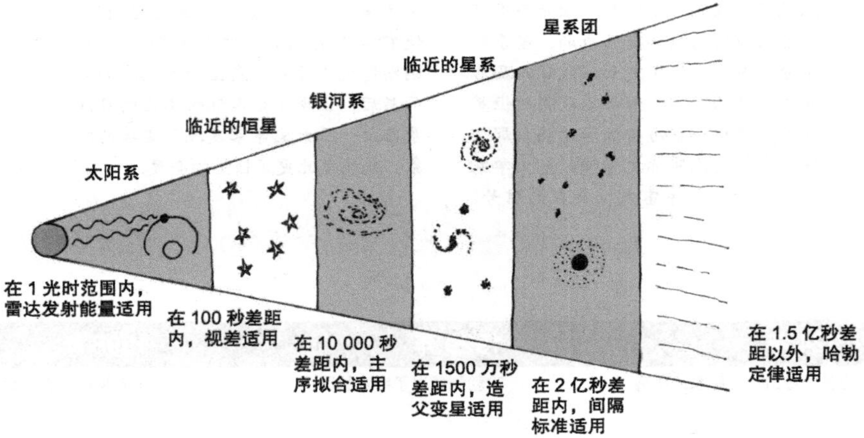

“梯子上的横档从来不是用来休息的，只是为了人们在一只脚迈向更高一级时，另一只脚可以有个落脚的地方。”

——托马斯·赫胥黎

时，红移的作用并不明显。如今在宇宙空间中，80% 的星系均是可见的。而且，天文学家每年都会竞相刷新这项记录。

统计学方法 人们也尝试过很多其他方法。有些方法属于几何学范畴，把“尺子”与用于测量太空距离的度量单位相对比。“尺子”的真实长度能够通过运用基本物理学理论来确定，而度量单位可以是星系团间的平均距离，也可以是宇宙微波背景中热斑和冷斑的典型尺寸。

统计学方法同样奏效。由于恒星的生命周期是已知的，可以利用恒星的某个特定阶段作为距离指示物。就像造父变星的距离与其亮度和光变周期有关一样，平均的统计数字也能够准确地指出数千颗恒星在亮度和颜色上发生的关键变化。另一种用来测量星系距离的方法是通过星系呈现出的模糊程度来确定其距离。近距离观察一个由数十亿颗恒星构成的星系时，该星系呈颗粒状，但在较远处观察时，因单个恒星模糊不清使得该星系显得比较平滑。

宇宙距离尺度的运用具有坚实的根基。但是，一旦放到宇宙这个大环境下，它就显得不那么牢靠了。尽管如此，宇宙空间浩瀚无垠，也使有些漏洞也不那么重要了。从距离我们数光年之遥的最近恒星，到 10 万光年之外的银河系边缘，各种距离均被精确地测量出来了。在我们所处的星系团之外，宇宙又向外膨胀了超过 1 千万光年，因此，距离变得愈发难以捉摸。然而，标准烛光不仅说明了宇宙在膨胀，同时也证明了暗能量的存在，并且它还把万物与早期宇宙的基础物理特性结合在了一起。也许，宇宙距离尺度并非看上去那般不牢靠。

各种度量单位的综合体

14 大爆炸

大量证据表明宇宙是瞬间产生的。一次巨大的爆炸创造了时间、空间以及其中的万物。在宇宙膨胀与冷却的过程中出现了力（如电磁力）、基本的粒子和原子。恒星、星系和人类在这碗“宇宙汤”中最终形成。

宇宙正在不断地膨胀，那么过去它的体积必定要比现在小一些，也许最初只是一个奇点。大爆炸就是基于这个理论事实发展而成的。万物——空间，时间以及物质——均是在爆炸发生的那一刹那被创造出来的。自此，得益于这颗火球的膨胀与冷却，我们看到的所有物质便凝结而成了，从原子和化学元素到恒星与星系，皆是如此。

经证实，大爆炸理论非常成功，因此被一致认为是宇宙的起源。该理论最主要的预言已经得到了证实，特别是有关质量最轻的元素（从氢元素到锂元素）的数量以及宇宙微波背景辐射存在的预言。但是，仍然存在一些不确定的地方。星系在宇宙空间中相对平均地分布，比如，它们向四面八方分散，而不是简单地聚成一团，这表明年轻的宇宙可能经历过一次特别快速的成长，这种成长被称为宇宙暴胀。此外，触发大爆炸发生的事件始终是一些理论家研究的核心，他们试图寻找宇宙形成的根本原因。

大爆炸理论认为我们有序的宇宙产生于一次混沌的爆炸。据说，“大爆炸”这个词是由英国天文学家弗雷德·霍伊尔于1949年创造的，以突显该理论出人意料的特性。该理论是比利时数学家乔治·勒梅特提出的，

大事年表

1915年
爱因斯坦提出了广义相对论

1927年
弗雷德曼与勒梅特提出了大爆炸理论

1929年
哈勃发现了宇宙的膨胀

源自爱因斯坦的广义相对论方程。但霍伊尔更倾向于认为宇宙是自始至终存在的，未来也不会消失。他相信“恒稳态”宇宙，物质与空间被不断地创造和毁灭。然而，到了20世纪60年代，大量证据显示宇宙并不是一直存在的，霍伊尔勾勒出的图画最终幻灭了。

“创造一粒原子只需不到一个小时的时间，创造恒星与行星要花费几亿年的时间，而创造人类却要用去50亿年的时间。”

——乔治·伽莫夫

三大支柱 大爆炸模型的成功是以三次至关重要的观测为支柱的。首先是埃德温·哈勃于20世纪20年代发现的宇宙膨胀现象。根据哈勃定律，由于时空的延展，星系正在离我们远去。如果反过来考虑，那么在过去，宇宙中的万物本应被压缩在比较狭小的空间内。因此自然而然地会浮现出这样一幅图画：宇宙的产生源自一个奇点。

其次是宇宙中轻元素的数量。大爆炸模型断言，当宇宙的密度较大时，温度必定较高。起初，它非常炎热，以至于几乎没有原子处于稳定状态。随着宇宙的膨胀，温度的降低，出现了一碗“粒子汤”，汤中的原料有夸克、胶子以及其他基本粒子。仅仅一分钟后，夸克粘连在一起形成了质子与中子。继而，首颗由一个质子构成的氢原子核便诞生了。

在最初的三分钟里，还产生了一定数量的其他元素。质子与中子相互结合，根据它们的相对数量形成了轻原子核，例如，氦元素与锂元素。然而，当宇宙的温度进一步冷却，不足以产生比铍元素更重的元素时，宇宙的化学成分便固定了下来，主要为氢元素与氦元素，辅以少量氘元素（重氢）、锂元素以及铍元素。所有质量较重的元素产生的时间都较晚，在恒星中通过其他天体物理过程产生。

20世纪40年代，物理学家拉尔夫·阿尔菲与乔治·伽莫夫预测出了大爆炸过程中产生的轻元素的比例。即使是最近对银河系中缓慢燃烧

1948年
阿尔菲与伽莫夫预言宇宙微波背景辐射的存在，并计算出了大爆炸的核合成

1949年
霍伊尔创造了“大爆炸”这一术语

1965年
彭齐亚斯与威尔逊探测到了宇宙微波背景

1992年
COBE（宇宙背景探测者）卫星测量出了宇宙微波背景的各向异性

的恒星及原始气体云进行的测量，也证实了这个比例的正确性。氘元素不能在恒星中形成，又易于遭到破坏，因此显得尤为重要。它的存在一方面证明了宇宙不是自始至终存在的，另一方面也支持了大爆炸理论。

1965 年，天文学家发现了大爆炸发生时形成的微弱辐射波。这是大爆炸理论的第三根支柱。物理学家阿诺·彭齐亚斯与罗伯特·威尔逊在美国新泽西州贝尔实验室进行无线电波的接收工作时，发现天空中有一个微弱的微波源。起初，他们并不知道这是什么，但后来很快就知道自己无意中发现了宇宙的微波背景辐射——当时年轻炽热的宇宙残留的大量光子。

早在 1948 年，乔治·伽莫夫、拉尔夫·阿尔菲与罗伯特·赫尔曼就已经预测出了这种微波信号的存在。它产生于大爆炸发生后的一个特殊阶段，即首批原子形成的时期。轻原子形成后，宇宙的温度仍然非常高，导致原子核与电子无法结合。40 万年后，宇宙发生了转变，带负电的电子终于与带正电的原子核相结合，形成了不带电的原子。分散、阻挡光路的带电粒子都被移除，雾气消失，宇宙变得透彻了。从此以后，光线便能够在空间中自由穿梭了。这些微弱的微波便是发生了严重红移的旧有光子。

以上三种理论基础至今仍然无懈可击，这让大爆炸理论获得了大多数天体物理学家的认可。然而，一小部分人还是坚持着弗雷德·霍伊尔青睐的恒稳态理论，但是任何其他模型都很难解释清楚以上所有的观测结果。

历史与未来 在大爆炸之前发生了什么？时间和空间都是在大爆炸过程中创造出来的，所以提出这个问题没有太大的意义。这就有点像“地球的源头在哪里？”，或者“北极的北方在哪里？”一样。但是，数学物理学家确实通过 M 理论与弦理论的数学应用来思索多维空间（通常是十一维）中大爆炸发生的诱因。他们对多重维度中弦与膜的物理特性和能量级进行研究，并把粒子物理学与量子力学相结合，以求找到大爆炸的导火索。也有一些宇宙学家在讨论平行宇宙存在的可能性。

与恒稳态模型不同，在大爆炸模型中，宇宙是在不断演化的。宇宙的命运很大程度上取决于物质量的平衡，即通过万有引力把宇宙聚拢在一起的物质质量与通过其他物理力（包括宇宙的膨胀在内）把宇宙分裂

大爆炸的时间轴

137亿年（大爆炸之后）：现今（温度 T=2.726 K）

2亿年："再电离"首批形成的恒星升温并对氢气进行电离（T=50K）

38万年："复合"；氢气温度降低，从而形成分子（T=3000K）

1万年：辐射占优期结束（T=12 000K）

1000秒：单个中子的衰减（T=5亿K）

180秒："核合成"；氢原子合成为氦元素以及其他元素（T=10亿K）

10秒：正负电子对湮没（T=50亿K）

1秒：中微子退耦（T=100亿K）

100微秒：π介子湮没（T=1万亿K）

50微秒："量子色动力学相变"；夸克结合为中子与质子（T=2万亿K）

10皮秒："电弱尺度相变"；电磁力与弱力成为两种不同的力（$T=1\sim2\times10^{15}K$）

在此之前，宇宙的温度过高，超出了物理学认知的范围。

的物质质量之间的平衡。如果万有引力胜出，那么宇宙的膨胀终究有一天会停止，并开始自我倒退，最终以大爆炸的逆转为终结，这称为"大坍缩理论"。宇宙可能会重复数次这种生与死的轮回。

相反，如果膨胀力以及其他排斥力（比如暗能量）胜出，那么它们最终将把所有的恒星、星系与行星分割开来，宇宙最终将成为黯淡无光的黑洞与粒子组成的荒漠，这就是"大寒冷理论"。最后，存在下来的是"金发歌蒂宇宙"，在这个宇宙中，引力与斥力平衡，宇宙将永远膨胀下去，但膨胀率会逐渐减小。在现代宇宙学看来，这是最有可能出现的结局。

创造的瞬间

15 宇宙微波背景

宇宙微波背景的发现进一步巩固了大爆炸理论。浩如烟海的微弱电磁辐射源自早期宇宙的高温。130亿年前，随着氢原子的形成，宇宙空间变得通透起来，与此同时，释放出了光子。正是这些光子导致了微弱电磁辐射的出现。

1965 年，阿尔诺·彭齐亚斯与罗伯特·威尔逊意外地发现了天空中有一缕温暖的光芒。当时，这两位物理学家正在新泽西州的贝尔实验室调试微波无线电的天线。他们发现一种微弱的热量信号从各个方向发射过来，始终没有消失。起初，他们认为这种信号不足为奇，以为是鸽子粪阻塞了灵敏的检测器。

然而在聆听了普林斯顿大学理论家罗伯特·迪克的讲话之后，他们认识到自己无意中作出了一个重大的发现。他们检测到的信号并非来自地球，而是源自宇宙。他们已经找到了预言中的大爆炸残余辐射。迪克也曾架设类似的无线电天线，试图寻找背景辐射，但没有找到。因此，他有些不太高兴，自我调侃地说道：“伙计们，你们捷足先登了。”

温暖的光芒 宇宙微波背景让整个天空看上去像一个温暖的浴室，温度约有 3 开尔文（等于绝对零度以上 3 摄氏度）。其特点与大爆炸的物理特性如出一辙。在形成之初，宇宙极为灼热，温度高达数千开尔文。然而，它在膨胀的过程中会逐渐冷却。如今它的精确温度应为 2.73K，也就是彭齐亚斯与威尔逊发现的结果。

大事年表

1901 年
马克斯·普朗克使用量子解释黑体辐射

1948 年
拉尔夫·阿尔菲与罗伯特·赫尔曼预测宇宙背景的温度为 5K

1965 年
彭齐亚斯与威尔逊观测到了宇宙微波背景

宇宙微波背景的温度在各个方向上都极为精确，任何实验室的人造设备均无法企及。天空中辐射的微波处于峰值为160.2GHz（波长为1.9mm）的频带内，该频带是“黑体辐射谱”的完美示例，即完美地吸收并散发热量的某种物质辐射出的典型频带，例如，黑色亚光火炉。1990年，NASA发射的COBE卫星测量结果显示，宇宙微波背景是已知的黑体辐射谱示例中最为完美的，尽管其温度要比烧得火红的拨火棍低得多。

“极少有改变是令人感到舒服的。”
——阿尔诺·彭齐亚斯

偶极子 如果仔细观察，你会发现天空中各个位置的温度并不完全相同。微波在一个半球上的温度似乎比在另一半球上高2.5毫开尔文（换言之，高约千分之一）。在发现微波背景辐射后不久，天文学家就发现了这种温度记录图，因其冷热两极而称之为“偶极子”。该温度差是由多普勒效应引起的，源于地球的运动：太阳系相对于宇宙以600千米/秒的速度运行。

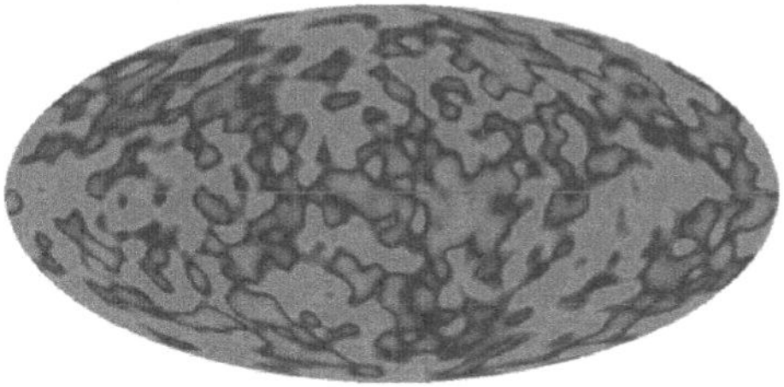

WMAP

如果你再近距离地观察，就会发现在百万分之一的层级上，天空中布满了冷、热斑点。天文学家对这些涟漪非常感兴趣，因为它们是大爆炸发生不久留下的印迹。1992年，NASA发射的COBE卫星首次发现了无数大小与月球相仿的此类斑点。2003年，WMAP（威尔金森微波各向异性探测器）卫星提供了一张更为详尽的图片，把斑点进一步细化。此外，一颗名为普朗克

COBE 卫星

1990 年
NASA 的 COBE 卫星精确地测量出微波背景的温度

1992 年
NASA 的 COBE 卫星发现了微波涟漪

2009 年
欧洲空间局的普朗克卫星发射升空

的天文卫星将会更加细致地对它们进行测量。

涟漪 宇宙微波背景中的涟漪产生自宇宙温度极高的时期。大爆炸发生后，宇宙膨胀，温度降低，光子、亚原子微粒以及质子与电子最终形成。首批轻元素的原子核，包括氢原子核以及小部分氦元素和锂元素的原子核，都是在三分钟内产生的。在这个时期，宇宙是一碗由飞速旋转的质子和电子构成的“汤”。这些微粒带有电荷，已经过了电离：质子带正电，电子带负电。但是，光子弹出了带电粒子，以至于最早期的宇宙是一团不透光的烟雾。

宇宙温度进一步降低。质子与电子开始以更加缓慢的速度移动。约40万年后，它们终于粘连形成了氢原子。此后，带电粒子逐渐结合，宇宙汤的特性发生了转变，从电离状态转变为不带电状态。宇宙变成了氢元素的海洋。

一旦带电粒子消失，光子便可畅行无阻。突然间我们可以看清宇宙了。这些光子进一步冷却，构成了现今的宇宙微波背景。当时，宇宙的温度为3000K左右，相对应的红移值约为1000。如今的温度仅有当时的千分之一，约为3K。

黑体辐射

烧烤用的煤炭与电炉环在加热过程中，颜色会由红变橙，然后变黄，温度高达数百摄氏度。钨丝灯泡的灯丝在达到3000摄氏度时，会变为白色。随着温度的升高，受热物体首先变红，然后变黄，最终呈蓝白色。这种颜色变化称为黑体辐射，因为黑色材料最易于辐射或吸收热量。19世纪，物理学家使用了各种物质进行实验，但还是很难解释清楚为什么会存在这种模式。威廉·维恩、瑞利勋爵与詹姆斯·金斯作出了部分解答。然而，瑞利与金斯的解答是有问题的，因为他们预测紫外线及以上的波长将会释放出无限的能量，即“紫外灾难”。1901年，马克斯·普朗克结合了热量与光的物理学特性，将量子内的微小亚原子单位间的电磁能量分解，最终解答了上述难题。普朗克的这一理论就是现代物理学最重要的研究领域之一——量子理论的萌芽。

“只有那些任何时候都不带功利目的的人才能追求到科学发现与科学知识。”

——马克斯·普朗克

宇宙中的风景 光子浴中点缀着冷、热斑点，其原因在于宇宙中的物质。在宇宙空间中，有些区域比其他区域含有更多的物质。因此，光子在穿过这些区域时，移动的速度会略微地减缓。减缓的幅度取决于它们移动的路径。微波涟漪勾勒出的精确图形中包含了很多信息，告诉我们在恒星或星系形成之前，物质分布得多么不均匀。

热区的特有规模同样透露了很多信息。热区最常见的规模为一度左右，是月球直径的两倍。这正是理论家通过观察当今宇宙中的物质图形，并在考虑宇宙膨胀的情况下，对其过去的样子作出的精准预测。预测规模与观测规模的高度一致性表明，光束在穿过宇宙空间时走过的必定是直线路径，即天文学家所说的宇宙是“平坦的”，因为光束并没有因时空的扭曲而偏转或弯曲。

总之，关于宇宙微波背景的起源，理论物理学家已经有了一定的成果。到目前为止，他们对其特性作出的预测基本是准确的。然而，无论是普朗克卫星传回的热点数据，还是在南极放飞的气球上使用专业射电望远镜得出的偏振标记，观测者都有可能从中找出偏差，从而提出新的物理学理论。

宇宙的温暖光子浴

16 大爆炸核合成

质量最轻的元素成比例地产生于宇宙形成的最初几分钟内，这印证了大爆炸理论的预言。如今，在宇宙空间的原始区域内观察到的氦元素、锂元素以及氘元素的数量与大爆炸理论预计的数量基本一致。与此同时，该理论还阐述了这些元素在恒星之中普遍存在的原因。然而，氘元素的数量较低，这表明宇宙中充满了具有异常结构的物质。

人们观测到宇宙中有大量的轻元素。这一重要观测结果支持了大爆炸理论。在大爆炸处于灼热火球阶段时，核反应以精确的比例首先制造出了少数几种原子核。后来在恒星内核中燃烧之后，这些原始的元素才结合成了质量较大的原子核。

氢元素是宇宙中最为常见的元素，也是大爆炸的主要副产品。同时，氢元素还是最简单的化学元素，它只有一个电子围绕一个质子运动。有时，氢元素以一种质量较大的形态存在，即氘元素。氘元素由一个普通的氢原子和一个中子构成，这使其质量翻了一番。另外一种更为罕见的氢元素形态是氚元素，氚有两个中子。氢之后的化学元素是氦，它由 2 个质子、2 个中子和 2 个电子构成。紧随其后的是拥有 3 个质子的锂元素。通常，锂的中子数是 4，电子数是 3。上述这些元素均源于早期宇宙发生的核合成过程。

燃气烹调 在大爆炸刚刚发生后，宇宙的温度极高，仿佛是一碗煮沸的基本微粒汤。随着它的膨胀和冷却，各种不同的粒子开始出现，最

大事年表

1920 年
亚瑟·爱丁顿提出恒星的能量源自核聚变

1948 年
阿尔菲、贝特以及伽莫夫发表了有关原初核合成的论文

α β γ 论文

1948年发表了一份著名的论文，其中含有一个大胆的想法——大爆炸核合成理论。尽管理论基础最早是由拉尔夫·阿尔菲（Ralph Alpher）和乔治·伽莫夫（George Gamow）演算出来的，但由于汉斯·贝特（Hans Bethe）的姓氏与他们二人的姓氏放在一起恰好与希腊语的前三个字母（alpha、beta、gamma）形似，所以他们邀请了汉斯·贝特加入。在物理学界，这篇论文至今仍然被人们津津乐道。

终产生了众所周知的质子、中子以及电子。这些粒子构成了世界万物。在宇宙诞生不过3分钟的时候，其10亿摄氏度的温度适于最轻元素的原子核形成。质子与中子相互碰撞，并且粘连在一起构成氘元素。氘元素的原子核可以进一步结合，构成氦元素。在这个时期，还形成了少量的氚元素。氚元素与两个氘原子核结合又产生了极少量的锂元素。

假设在炽热而又年轻的宇宙中，存在一定数量的质子与中子，可用作宇宙厨房的食材，那么各种轻元素的相对数量就能够通过核反应食谱预测出来。原有物质中有四分之一会转变为氦元素，仅有约0.01%转变为氘元素，转变为锂元素的更少。其余的原有物质全部转变为氢元素。其实这些比例与今天观测到的结果基本一致，它们为大爆炸模型提供了强有力的支持。

基本谜题 20世纪40年代，物理学家拉尔夫·阿尔菲、汉斯·贝特以及乔治·伽莫夫提出了核合成理论，这不仅为大爆炸理论提供了支持，而且还具有更广泛的意义。人们比较了轻元素的预测丰度与在恒星

1946/54年

弗雷德·霍伊尔解释了重元素形成的原因

1957年

伯比奇夫妇、福勒以及霍伊尔共同发表了有关恒星核合成的著名论文

“我有一个小小的格言：当事情变得非常严重时，请叫我氦气——人类已知最轻的气体。”

——吉米·亨德里克斯

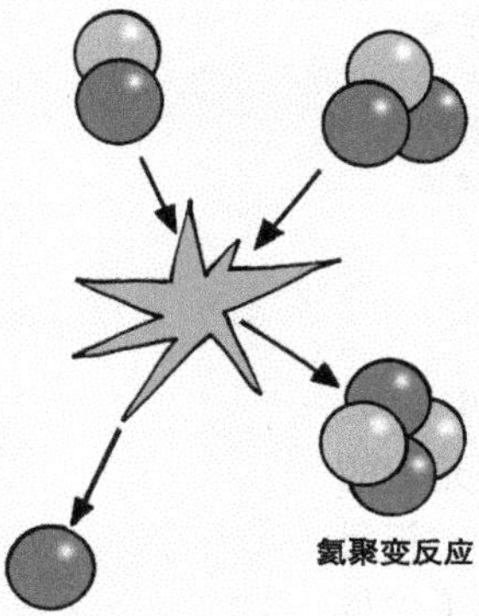

中测得的丰度，发现了一些问题。正是核合成理论解决了这些问题。多年来，人们已经知道氦元素和氘元素的丰度要比当时的恒星模型解释的丰度更高。重元素是由恒星内部发生的核聚变反应逐步产生的。氢元素燃烧形成氦元素，其他的反应产生出碳元素、氮元素、氧元素以及许多其他元素。惟独氦元素的形成过程较慢，几乎要花费一颗恒星整个的生命周期才可以制造出数量可观的氦元素。仅凭恒星中发生的普通聚变过程是不可能制造出氘元素的，它会在恒星大气中遭到破坏。然而，如果把大爆炸过程中产生的额外数量的元素计算在内，这道数学题就迎刃而解了。

为了测得轻元素的初始比例，天文学家对宇宙中的原始地带进行了搜索。他们四处寻找燃烧缓慢的古老恒星，因为这类恒星受后期重元素形成与再循环的影响较小。另外，他们还希望找到从早期宇宙开始就变化不大的古老气云。这类气云位于星系间的偏远地带，远离星系的污染物，它们只有在吸收来自遥远天体（例如，明亮的类星体）辐射出的光线时，才会被发现。这类气云的光谱指纹能够显示其化学成分。

物质测量 大爆炸过程中产生的氘元素的数量具有很高的测量价值。由于它只能通过不寻常的核聚变反应产生，因此，其丰度与早期宇宙中质子与中子的原始数量关系极为密切。氘元素甚为罕见，这意味着首批形成的核子密度很小，以至于不能说宇宙中的万物皆源于这些核子。因此，必定存在其他形式的异常物质。

“过去造就现在。”

——弗雷德·霍伊尔

汉斯·贝特（1906—2005）

汉斯·贝特生于阿尔萨斯－洛林地区的斯特拉斯堡，先后在法兰克福、慕尼黑以及图宾根的大学里学习并教授理论物理学。1933年，纳粹政权上台后，他失去了工作。他先是移居到了英格兰，然后于1935年进入美国康奈尔大学任教。在第二次世界大战期间，他担任洛斯阿拉莫斯实验室理论部的主任，其计算工作对于首批原子弹的研制有着决定性的意义。作为一位硕果累累的科学家，贝特解决了众多物理学难题。他因提出恒星核合成理论而获得了诺贝尔奖。同时，他还涉足原子核物理学和天体粒子物理学的其他领域。后来，他与阿尔伯特·爱因斯坦一道开展反对核武器试验的运动。在他的影响下，美国政府于1963年在禁止大气层核武器试验的条约上签字，并于1972年签署了《反弹道导弹条约》（附属在第一阶段限制战略武器谈判协议之下）。弗里曼·戴森称之为“20世纪最伟大的问题解决者”。

对星系、星系团以及宇宙微波背景进行的最新观测表明，其中某些类型的物质并非是由质子和中子构成的。这类异常物质“黯淡”无光，并且它们的质量在宇宙总重中占了很大的比重。它们可能是由独特的粒子构成的，比如中微子，甚至是黑洞。轻元素的丰度表明，常规物质的质量在宇宙的总重中所占的比例极小。

首批轻元素

17 反物质

反粒子（粒子的镜像形式）所带能量与电荷都和相对应的粒子相反，反粒子构成反物质。反物质首先由理论预测得出，不久科学家就发现了它们。然而，这种物质十分罕见，宇宙主要还是由普通物质构成的。这暗示了在大爆炸过程中存在隐秘的粒子物理学进程，它改变了物质与反物质的比例。

从地球上的一草一木，到最遥远的星系，我们观察到的绝大多数物体都是由物质构成的。铅笔、计算机以及行星都是由同样的物质构成的：质子、中子和电子。这看似平淡无奇，其实不然，因为还存在另一个选择——反物质。

反物质是物质的一种镜像形式，其粒子的电荷、能量以及其他物理特性均发生了反转。所以，反电子（即正电子）的质量与电子相等，但带正电。类似地，质子以及其他粒子也拥有与之对应的反物质“兄弟”。

异号 1928年，英国物理学家保罗·狄拉克首次论证了带有负能量的物质是可能存在的。当尝试把电子的电量纳入自己的方程式进行计算的时候，他发现数学世界既接受正能量，也接受负能量。对人们来说，与普通电子相关联的正能量是意料之中的，而负能量却没有任何意义。狄拉克并没有忽略这个混淆视听的术语，反而认为反粒子可能确实存在，并开始去寻找它们的踪影。

大事年表

1928年
狄拉克推导出反物质是存在的

1932年
安德森探测到了正电子

保罗·狄拉克（1902—1984）

保罗·狄拉克是一位天赋异禀但又很腼腆的英国物理学家。人们开玩笑说，他的词典里只有“是”、“不是”以及“我不知道”这几个词。对此，他回应道：“我在学校的时候老师曾经教导过我，在还不知道如何结束一句话之前，永远不要动笔。”虽然在语言方面有所缺失，但他有极高的数学天赋。他的博士论文以短小精干著称。在这篇论文中，他对量子力学作了全新的数学描述。他在一定程度上将量子理论与相对论进行了统一。此外，他在磁单极子以及预测反物质方面取得的突出成就也令人心悦诚服。1933 年获得诺贝尔奖时，他的第一个念头就是拒绝领奖，以免受到公众的注意。然而，当听说拒绝领奖可能会招来更多的关注时，他打消了这个念头。狄拉克并没有邀请他的父亲出席颁奖典礼，据推测这是由于在他的哥哥自杀后，他与父亲的关系十分紧张。

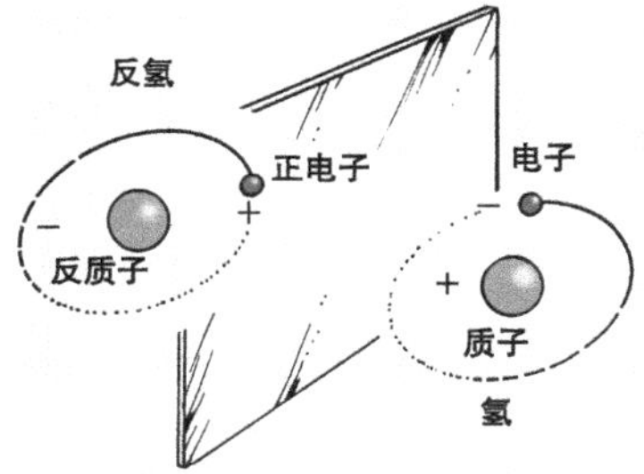

1932 年，卡尔·安德森在宇宙射线（能量充沛的粒子从宇宙撞入大气层）产生的粒子雨中发现了一种带正电的粒子，其质量与电子相等，这证实了正电子的存在。1955 年，人们探测到了另一种反粒子——反质子。寻找反质子需要构建粒子加速器，以产生强劲的超速高能粒子束。不久之后，科学家也找到了反中子。

在地球上，物理学家能够通过粒子加速器制造出反物质，比如在瑞士的欧洲核子研究中心（CERN）和美国芝加哥市附近的费米国家加速器实验室，就能制造出那些反物质。当粒子束与反粒子束相遇时，它们迅速湮灭在能量的光束中。根据爱因斯坦的质能方程式 $E=mc^2$，在这个过程中，质量转化为了能量。

“也许，反物质的发现是物理学界在 20 世纪取得的所有突破中最为重大的一个。”

——韦纳·海森堡

1955 年	1965 年	1995 年
人类发现了反质子	人类制造出了首个反原子核	人类制造出了反氢原子

然而，当我们仰望苍穹时，并没有看到这种光亮。如果反物质在整个宇宙中均有分布的话，那么它将消耗掉与之相遇的所有物质，通过无数个小型的能量爆炸，湮灭掉普通物质。我们没有看到这种爆炸，因此周围不可能有大量的反物质。事实上，普通物质是我们见到的唯一一种普遍存在的粒子形式。科学家怀疑反物质粒子存在于一些极端的区域内，比如黑洞附近。据天文学家估算，在宇宙中只有极小一部分（不超过 0.01%）物体是由反物质构成的。所以，在宇宙诞生之初，一定存在某种不平衡性，才导致了创造出的普通物质比反物质多。

不平衡的创造 为什么存在不平衡性，这就要追溯到大爆炸了。除了零星的物质与反物质之外，宇宙主要是由各种形式的能量构成的，包括大量的光子。我们今天看到的少量物质可能就是经过了一次空前规模的湮灭期后残存下来的。也许在大爆炸过程中，产生了许多物质与反物质，但绝大多数很快就在碰撞中烟消云散了，幸免的不过是冰山一角。

轻微的不平衡性就足以解释物质为何占据主导地位了。一些模型显示，在大爆炸发生后的瞬间，每 100 亿颗（10^{10}）物质粒子中只有一颗幸免，其余的粒子全部遭到了破坏。粒子能够残存下来可能是因为其特殊的量子特性。粒子物理学家提出，物质与反物质可能源自同一种原始粒子。这种粒子被称为 X 玻色子。虽然尚未被发现，但这些高质量的粒子可能以一种不平衡的方式发生了衰变，从而导致物质的数量有所上升。

根据一些理论预测，X 玻色子可能和质子也发生了反应，并导致它们衰变。这可是一个坏消息，因为这意味着所有的物质都将最终消解在

“我的主要工作就是摆弄各种方程式，看一看会得到什么样的解。”

——保罗·狄拉克

对称性

与所有的镜像一样，粒子与反粒子之间也存在着各种各样的对称性。时间就是其中一种。由于自身带有负能量，在数学上，反粒子就相当于普通粒子在时间轴上进行反方向运动。因此，正电子可以想象为正在从未来向过去穿梭的电子。第二个对称性涉及相反的电荷和其他量子特性。第三个对称性有关粒子与反粒子在空间中的运动。如果我们改变在宇宙空间中划出的坐标系方向，那么总体而言，运动是不会受到任何影响的。但是，也有少数情况例外。比如，中微子均是“左撇子”，只向一个方向旋转。反之，反中微子全部是“右撇子”。

由更加微小的粒子组成的薄雾当中。不过幸好这需要很长一段时间才会发生。事实上，还没有人亲眼目睹过质子的衰变。这表明质子是非常稳定的，并且肯定存在了至少 10^{17}~10^{35} 年了，远超出了宇宙目前的寿命。然而，这也提出了一种可能性：如果宇宙真的在衰老，那么即使是普通物质也可能会有消失的那一天。

镜像物质

18 暗物质

宇宙中的绝大多数物质都是不发光的。只有通过暗物质作用于其他物质的引力，才能探测到它的存在。而且，暗物质与光波之间不会发生任何相互作用。天文学家知道星系中存在大量的暗物质，但不知道它究竟是什么样子。暗物质可能以衰败的恒星、行星或者奇特的亚原子微粒的形式存在。

20 世纪 30 年代，瑞士天文学家弗里茨·兹威基曾尝试称量一个星系团的重量。这个星系团囊括了数百个星系，通过测量星系团内部单个星系的运动，他得出了借助引力把整个星系团维系在一起所需的质量，正如太阳的质量可以根据太阳系中行星的公转轨道以及开普勒定律推断出来。然而，他发现星系团的质量比其中所有发光星系与恒星的质量总和高出了 400 倍，这令他大吃一惊。是什么让星系团如此之重呢？他提出，该星系团中可能充满了某种暗物质，而且如果不是这种引力效应，暗物质是不可能被察觉的。

数十年后，到了 20 世纪 70 年代，美国天文学家薇拉·鲁宾在旋涡星系中也观察到了类似的现象。她当时正在研究星系外部区域内的氢气，这些氢气的移动速度似乎比预期的快。这表明该星系的质量比恒星与气体的总重高出数百倍。而且，气体距离星系中心越远，速度就越大，这意味着暗物质蔓延到了可见恒星之外，在每个星系的周围形成了一个球状的“晕圈”或者气泡。

大事年表

1933 年

兹威基在后发星系团中测量出了暗物质

1975 年

薇拉·鲁宾证明了星系的旋转受暗物质的影响

如今，天文学家已经确定，暗物质不但存在于单个星系和星系团中，而且存在于整个宇宙空间的超星系团和星系链内。哪里有引力作用，哪里就有暗物质在发挥着举足轻重的作用。如果我们把所有的暗物质叠加到一起，就会发现其数量要比发光物质多一千倍。虽然它在宇宙中无处不在，但我们仍然不知道它是“何方神圣”。

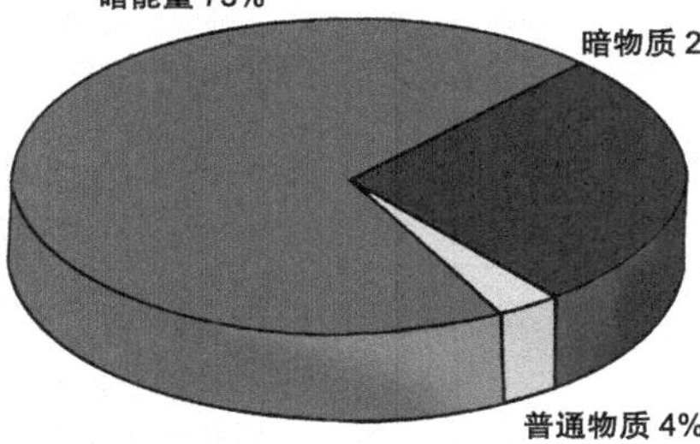

神秘的物质 暗物质是由什么构成的呢？我们知道它并不是由四散的气云构成的，因为气云在吸收或辐射电磁波时会把自己出卖，而我们却没有观察到这种“破绽”。暗物质可能是许多昏暗的恒星或者无光的行星。它们体积过小，不易被察觉到。天文学家将这些天体称作晕族大质量致密天体（MACHO）。另外，暗物质也可能由一种新的亚原子微粒构成——弱相互作用重粒子（WIMP）。这些微粒对其他物质或光线没有施加任何作用，因此逃过了天文学家的探测。

在银河系的中心已经发现了晕族大质量致密天体，因此我们知道它们确实是存在的。天文学家预测，如果与木星相仿的行星从恒星面前经过，那么恒星就会间或地发光。随后在银河系的中央观察到了一些恒星时隐时现，正好与预测相吻合。晕族大质量致密天体与透镜的作用类似，其引力会使时空发生扭曲，并令照射在其周围的星光光线发生偏转。当晕族大质量致密天体恰好位于恒星的前方时，弯曲度会把光线

“宇宙主要是由暗物质与暗能量构成的，但我们并不知晓二者为何物。”

——索尔·珀尔马特

1998年

物理学家推断出中微子带有极小的质量

2000年

天文学家在银河系中探测到了晕族大质量致密天体

宇宙会计

如果我们把宇宙万物都换算成能量（根据爱因斯坦的方程式 $E=mc^2$，质量转化为能量），便能得出其构成成分的“收支总差额”。时至今日，我们知道重子仅占宇宙构成的 4%（普通物质由质子和中子组成），另外的 23% 是以某种形式存在的暗物质，难以俘获。事实上，我们并不清楚暗物质为何物，但知道它不是由重子构成的，而是由弱相互作用重粒子这样的不寻常粒子构成的。宇宙的其余成分全部是暗能量。

聚焦，因此这颗恒星在它通过的一瞬间会显得格外明亮。这种成像效应被称作“引力透镜”。尽管天文学家以这种方法在银河系的中心探测到了一些晕族大质量致密天体，但在银河系的边缘地带，却几乎没有发现这样的天体。所以，它们的数量极少，不能用于解释星系中的全部暗物质。我们期盼着它们的数量比恒星多数百倍，但事与愿违。

由质子、中子和电子构成的其他形式的普通物质（重子）也不能够用于解释绝大多数暗物质的存在。借助大爆炸物理学的知识，天文学家能够计算出宇宙中存在的重子数量，结果发现其质量少于暗物质。重子的数量取决于氢元素的同位素氘的数量。大爆炸刚刚发生后，氘元素就在核反应中形成了，而核反应取决于早期宇宙中的质子与中子数量。由于氘元素并非形成于恒星之中（尽管它能够在恒星中燃烧），所以它在原始气云中的丰度精确地显示了产生的重子数量。但是这个结果在整个宇宙总质量中所占的比例微乎其微。其余的暗物质必定以某种完全不同的形式存在，诸如弱相互作用重粒子。

“当观测结果迫使我们改变先入之见时，科学才会更快地进步。”

——薇拉·鲁宾

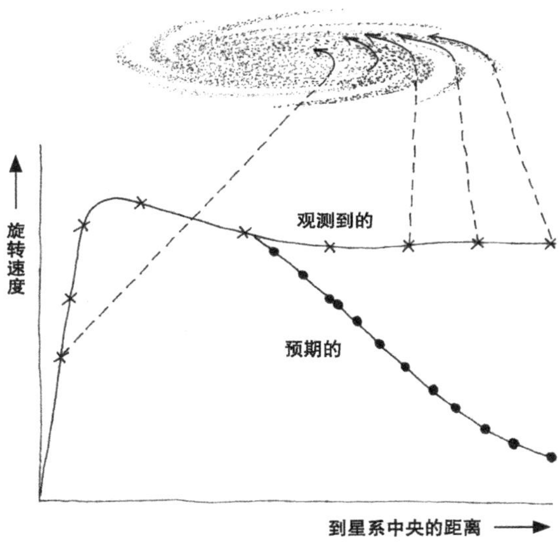

较之晕族大质量致密天体，人类对于相互作用重粒子的认识更少，它们的主要特性是极少与普通物质或光线发生相互作用。许多实验寄希望于发现这种重粒子，但是由于自身的特性，它们很难被探测到。不过，倒是存在许多“候选者”，中微子就是其中一位。在宇宙空间中，人们已经观测到了中微子。它是一种恒星内部核反应的常见产物——从太阳中就产生了许多中微子。它曾一度被认为是没有质量的，但在最近的十年间，物理学家已经测量出其拥有微小的质量。如果中微子很常见的话，那么它们可以叠加在一起作出可观的贡献，然而它们的数量不足以解释所有的暗物质。因此，仍然有可能发现其他更为罕见的粒子，其中某些对于物理学来说是全新的粒子，比如轴子与光微子。

暗物质影响着整个宇宙的质量，它对于确定宇宙的命运至关重要。宇宙的膨胀与万有引力之间的博弈决定着宇宙的未来。如果引力获胜，宇宙终究有一天会在大坍缩中重归原点。如果宇宙的质量过小，它将永远膨胀下去。如果二者恰好不相上下——就像我们所怀疑的那样——那么膨胀的速度可能减缓，但宇宙永远不会真正地收缩。不过，仍然存在另外一种元素拉伸着宇宙——暗能量。

黑暗的一方

19 宇宙暴胀

相似的规则适用于整个宇宙，这表明在大爆炸之后物理法则确定之时，当时的宇宙万物之间能相互联系。一种说法认为，在大爆炸发生后的一瞬间，某种重要因素引发了早期宇宙的突然膨胀，此后宇宙就稳定了下来。

宇宙广袤无垠，但幽深的宇宙从各个方向看去都是大体相同的。当天文学家把目光投向北方时，他们看到的是黑暗中散布着数十亿个星系斑；当他们看向南方时，见到的也是类似的情景。单个星系的轮廓可能千差万别，但天际一边的星系数量与另一边的数量是相当的。虽然，事情并不是非得如此。

由于光以固定的速度传播，遥远星系的光芒需要经过特定的时长才能够到达地球。对于临近的恒星来说，时间间隔为几年，而对于最遥远的已知天体而言，时间间隔长达数十亿年。通过回溯宇宙的膨胀过程，根据哈勃定律以及对最古老恒星的估算，我们可以得出宇宙的年龄约为140亿岁。因此，如果宇宙真的很大且在不断膨胀，那么宇宙中应该存在一些遥远的星系，如果它们辐射出的光线至少需要150亿年的时间才能到达地球的话，那光线现在还未照射到地球上。

隐藏的深度 光线可及的宇宙区域被称为“是有因果联系的”。在这个区域里，信息有可能以光速进行传递。例如，由于宇宙的年龄是有限的，能够向地球发送信号的天体必定处于一个半径不超过140亿光

大事年表

1981年

古斯提出暴胀理论

年的球体内。但如果宇宙的范围超越了那个界限，它的部分区域必然无法进行信息传递。因此，隔空相望的两侧应当无法了解彼此。那么，宇宙的一侧是如何知道另一侧的情况呢？

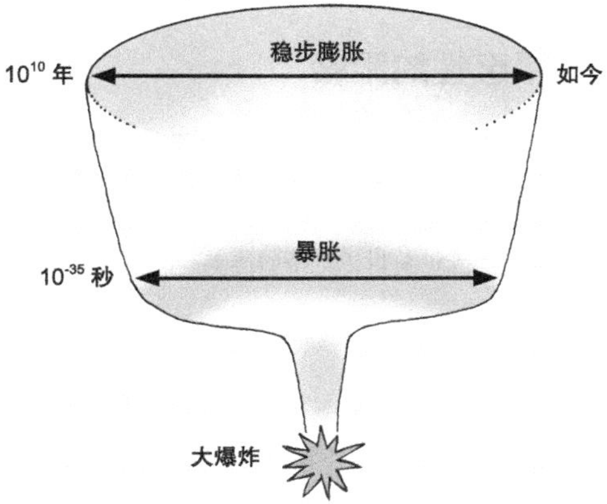

这个谜题被称作“视界”问题。视界是人类能够看到的最遥远的宇宙区域。解决方法便是“暴胀”——大爆炸刚刚发生后，宇宙经历了一个突然膨胀的阶段。在那之前，它的体积非常小，因此星系种子能够在宇宙汤中分享能量，令空间中的物质处于均衡状态。在暴胀期之后，宇宙的膨胀趋于稳定，但某些区域与其他区域分割开了。暴胀理论由美国物理学家阿兰·古斯于 1981 年提出。除了解决了视界问题以外，该理论还解答了有关宇宙均匀性的其他难题。

平滑 其中一个难题就是宇宙的相对平滑。星系在空间中分布得相当均匀，并不像猎豹身上的斑点那样聚集成块。换言之，在星系的分布中，有许多土丘，却没有高大的山脉。每个星系必定是从一个密度稍微较大的区域通过引力作用吸积物质而发展而成的。暴胀理论认为这些“种子”的统计学特征取决于量子力学的概率——年轻的宇宙在又小又热时的能量的轻微涨落。

“都说世上没有免费的午餐，但宇宙是终极的免费午餐。”

——阿兰·古斯

宇宙另一个普遍如此但同样并不是非得如此的特性是其几何结构。根据阿尔伯特·爱因斯坦的广义相对论，质量巨大的物体能够让时空发生弯曲。如果把时空想象成一块橡胶板，那么每个高质量星系或恒星都会在板子

1992 年

NASA 的 COBE 卫星在微波背景中探测到了热斑和冷斑

2003 年

WMAP 卫星绘制出了宇宙微波背景全天图

平直性的限度

近期对宇宙微波背景（大爆炸发生约40万年后，在早期宇宙中的浓雾消散时辐射出的光线，在现在看来是一种微弱的微波背景）进行的观测为宇宙的平直性给出了严格的限度。在微波背景中，热斑与冷斑的大小与理论预测相吻合。这表明它们辐射出的光线也是以笔直的路径照射到我们这里的。因此，光线即使已经在宇宙中传播了数十亿年，仍然保持平行状态。

上留下一个凹面，强迫光线在其周围发生弯曲。从大尺度上看，如果宇宙的质量很大，那么时空有可能极度弯曲，形成一个球，光线将在里面无尽地汇集、环绕。另一种极端的情况是，如果宇宙的膨胀超过了引力作用，光束便会分散开去。

如果光线受宇宙中大质量天体的影响，路径发生偏转，那么夜空看上去会十分凌乱。我们甚至可能会观察到重复出现的图案，或者至少像哈哈镜呈现出的扭曲图像。然而，我们凝望遥远天体的视线总体上并没有受到影响，这表明未受阻挡的光线在各个地方均是沿直线传播的。天文学家认为宇宙的几何构造是“平直的”——无论平行光束传播的距离多远，仍然会保持平行。

单极子 宇宙暴胀可能解决另一难题——宇宙中磁单极子的缺乏。包括我们熟悉的磁铁在内的磁体均拥有南极和北极，由磁场连接。但是，一些有关早期宇宙的理论预测在极热的情况下能够产生只拥有一极的粒子。目前人们还没有找到这种粒子，因此它们一定很罕见或是已经遭到了破坏。宇宙的突然膨胀可能已经稀释了单极子的密度。

综上所述，宇宙暴胀理论解释了宇宙为何在极大的范围内拥有同样的属性。该理论认为宇宙实际上是一个系统，它的特性是在大爆炸发生后的第一瞬间（仅仅大爆炸发生 10^{-35} 秒后）确定的，早在宇宙无休止的膨胀之前。从极小、有因果联系的状态开始，宇宙飞速膨胀，速率甚至

“物理学法则能够描述万物是如何在随机的量子涨落中从无到有产生的。认识到这一点无疑让人兴奋。”

——阿兰·古斯

超过了光速，体积刹那间成倍增长。在那个过程中，密度的细小差异荡然无存，而且形成了我们今天所了解到的引力与膨胀之间的平衡——一种极好的平衡。

暴胀理论虽然成功，但仍然饱受争议。一些物理学家，包括罗杰·彭罗斯在内，对于宇宙需要处于一种特殊的状态才能使其规模一次性地突然激增这个说法并不感冒。彭罗斯正在致力于其他理论的研究工作，这些理论认为大爆炸只是宇宙生灭过程中一个创造性的阶段。其他的物理学家则在宇宙微波背景中以及可能反驳上述观点的星系分布中寻找不寻常的特征。尽管如此，到目前为止，暴胀理论仍然是一个有效且主流的说法。

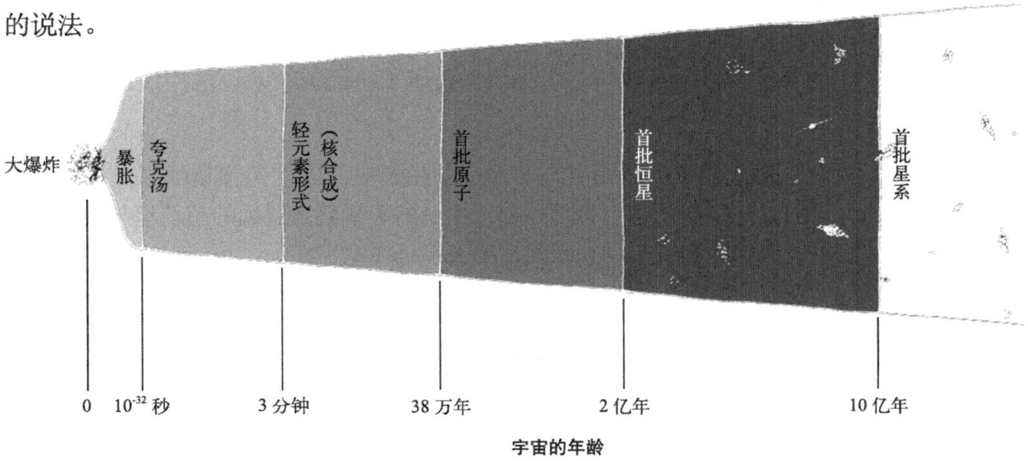

指数式增长

20 暗能量

最近几十年间，天文学家不得不在宇宙模型中增加一种新的成分——暗能量。暗能量是表示宇宙真空中负压强的一项，是一种与引力相对的斥力。虽然人们对其特性知之甚少，但它会决定宇宙的命运——是消解在一片原子薄雾中，还是坍缩为一个黑洞。

20 世纪 90 年代，两组天文学家争相利用遥远的超新星作为探针，来测量宇宙的膨胀率。他们把焦点集中在了一种特殊类型的恒星爆炸上，即 Ia 型超新星。这种超新星具有相似的光变曲线，而且在光极大时的绝对星等几乎相同。一旦它们在遥远的星系中爆发，研究人员便能够采集到它们的数据，并把它们标注在亮度一距离图上。1998 年，由加利福尼亚天文学家索尔·珀尔马特带领的一支团队宣布了他们的研究结果。不久之后，第二个小组也公布了自己的结果。他们所述的内容震惊了全世界。

据他们报告，距离地球最远的超新星的亮度比预期的更低。假设遥远恒星与邻近的恒星无异，那么唯一的解释就是遥远的超新星与我们之间的距离比预期的更远。因此，宇宙不是在稳步膨胀，而是在加速膨胀。①

隐藏项 虽然这个结果非常惊人，但它并非无迹可寻。天文学家翻出陈年的教科书，从中找出了阿尔伯特·爱因斯坦早期的一些方程。爱

① 索尔·珀尔马特、布莱恩·施密特和亚当·里斯因通过超新星发现宇宙加速膨胀而荣获 2011 年诺贝尔物理学奖。——编者注

大事年表

1915 年

爱因斯坦发表了广义相对论

1929 年

哈勃证明了宇宙的膨胀，爱因斯坦放弃了他的宇宙学常数

“然而，需要注意的是，即使不引入补充项 [宇宙学常数]，我们的结果仍然给出了空间的正曲率。那个补充项只有在试图达到物质的准静态分布时，才有存在的必要。”

——阿尔伯特·爱因斯坦

因斯坦最初在计算广义相对论时（该理论是现代宇宙模型的基础），加入了一个附加项以平衡引力——宇宙学常数。

爱因斯坦当时引入该参数仅仅是为了使自己的方程能两边相等。在 20 世纪初期，天文学家并不知道宇宙在膨胀，那时哈勃还没有出版他的著作。究竟是什么阻碍了宇宙万物在万有引力的作用下聚拢在一起？爱因斯坦对此感到大感不解。肯定有某种力量在阻止整个世界汇聚为一个奇点，或者说一个巨大的黑洞。他增加这个数学项以代表宇宙真空中的负能量。

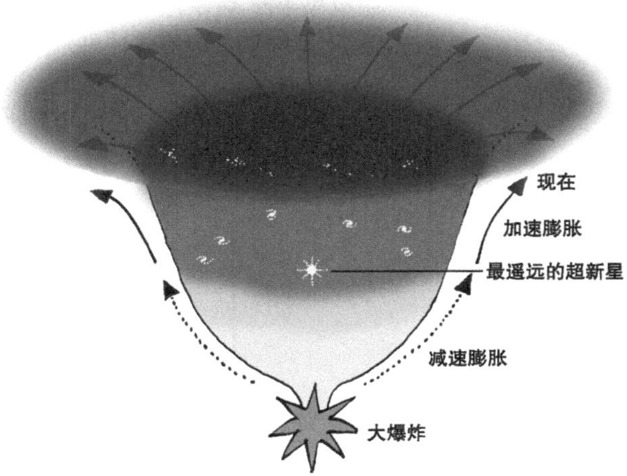

然而，爱因斯坦在重新考虑后改变了主意。正如引力会通过聚拢物质而让宇宙陷入不稳定，这种斥力则会让宇宙分崩离析。两者的组合就会让宇宙仿佛落入碎纸机一般。

1998 年

超新星的数据表明宇宙学常数的必要性

2020 年

NASA 计划发射广域红外探测望远镜，用以测量暗能量

“70 年来，我们一直试图测量宇宙膨胀放缓的速率。我们最终做到了，并发现它其实正在加速。”

——迈克尔·S. 特纳

而在当时的爱因斯坦看来，宇宙显然是稳定的。于是他放弃了自己的宇宙学常数，并将之称为自己一生中“最大的错误”。从此以后，物理学家也把这个常数束之高阁——在他们的等式中仍然保留它，但会把数值设为零。几十年来，宇宙一直保持沉默。直到 1998 年，随着超新星观测结果的公布，宇宙学常数又“重获新生”。

新成分 这种斥力后来更名为“暗能量”，这是一种神秘的新力量，其特性尚鲜为人知。暗能量不像引力那样与物质关系密切，而是与真空紧密关联，作用在非常宽广的范围内。它让这些缺乏物质的区域受到一种令其延展的负压强。超新星的观测结果让人们得以了解它的大小——在力量上，它与引力可以相提并论。但我们不知道它是在整个时空中数值不变（像引力和光速那样）的一个常数，还是在不断变化。天文学家已经对爱因斯坦的方程加以了一般化，试图对宇宙学常数给出物理解释。暗能量的另一些变种则引入了随时空而变化的“精质”（quintessence），其得名自神秘的“第五元素”。

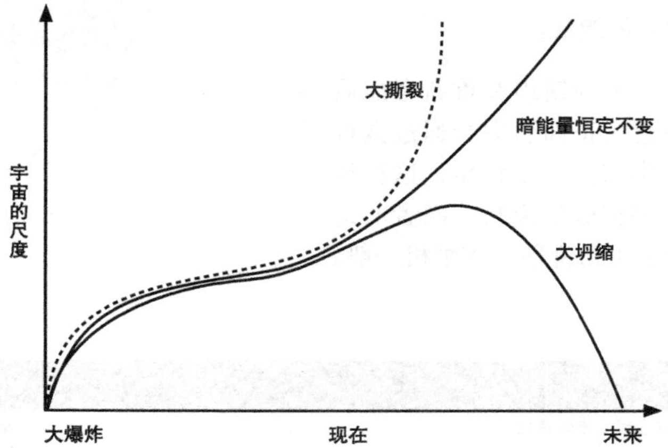

“它［暗能量］似乎是某种与空间本身相关的东西，并且与受引力作用的暗物质不同，这是某种与引力相对的斥力，导致宇宙的自相排斥。”

——布莱恩·施密特

暗能量的发现意义深远。暗能量几乎占宇宙能量的四分之三——难以观测的暗物质的比重不到四分之一，普通物质则只占剩余的极小份额。这让宇宙处于恰到好处的状态：存在足够的质量，可以通过引力把万物聚拢在一起，但又不足以令膨胀停止，因为膨胀的拉力得到了暗能量的扶持。

悬而未决的命运 暗能量是至关重要的宇宙构成成分，其特性在很大程度上决定了宇宙的命运。但我们还没有对它进行准确的测量。因此，暗能量的强弱即使存在很小的偏差，也可能会产生严重的后果。如果随着时间的推移、宇宙的膨胀，暗能量变得愈发强大，超过了引力的作用，那么宇宙可能会加快膨胀的速度。这种“大撕裂”将引发星系结构分崩离析，其中的恒星以及星系自身的残骸在空间中四处散落。最终，恒星与行星也会解体。暗能量的负压强能够把原子拨开、分解。宇宙也许就会成为一片亚原子微粒的海洋。而一旦引力获胜，那么宇宙将会崩溃，形成“大坍缩”。

暗能量是最近几年才发现的，这表明我们对于宇宙的了解不过是冰山一角。这既让我们戒骄戒躁，又不无讽刺意味：天文学家坚定地认为，对于宇宙中 96% 的物质，我们一无所知。未来计划开展大规模的超新星观测活动来确定暗能量的属性，比如 NASA 将于 2020 年发射升空的广域红外探测望远镜（WFIRST）项目。

第五种力

第三部分

超越时空

21 马赫原理

由于引力的作用，宇宙中的万物都会相互吸引。为什么远方的物体会影响近处物体的移动和旋转？恩斯特·马赫对这个问题有着自己的见解。他提出的“那里的质量影响这里的惯性”原理源自另外一个疑问——你如何才能够判断某个物体在移动呢？

现代宇宙学知识告诉我们，宇宙从各个方向上看均是无异的。平行光线在传播了数十亿光年之后仍然保持平行。然而，天文学的历史同样告诉我们，感知取决于观测时所在的位置。数个世纪后，随着我们在宇宙中所处位置的明朗，天文学知识也翻开了崭新的一页。古希腊人认为地球是圆的；到了16世纪，哥白尼确定地球是围绕太阳旋转的，而非太阳围绕地球旋转。

在旋转球中 但是，直到18世纪末19世纪初，才渐渐有了地球旋转的具体证据。由于地球不同区域的相对运动，位于赤道两侧的物体会受到方向相反的横向力的作用。这种力以法国科学家贾斯帕－古斯塔夫·科里奥利的名字命名为科里奥利力。1835年，他在著述中提到了这种力。位于正在顺时针旋转的地区的物体向左偏转，位于正在逆时针旋转的地区的物体则会向右偏转。最终，通过在高塔上坠物的方法，科学家测出了这种偏转现象，从而证实了地球的自转。

由于在日常生活中，我们对地球的旋转毫无察觉，所以人类花了很长时间才认识到地球旋转所产生的影响。无论是相对你乘坐的列车，还

大事年表

约公元前335年

亚里士多德提出物体的运动是外力作用造成的

1640年

伽利略详细阐述了惯性的原理

“绝对空间，就其本性来说，与任何外在的情况无关，始终保持着相似与不变。”

——艾萨克·牛顿

是相对你旁边正在出站的列车而言，我们都注意到了自身相对于其他物体的运动，但辨别不出绝对的速度。对运动的唯一感知源自对某种变化的力或者加速度的体验。比如开车的时候，我们会注意到急刹车或者急转弯，但对于缓慢行驶的过程并没有特别的感觉。

17 世纪，艾萨克·牛顿在思考他的运动定律时（该定律预测出在外力和万有引力的作用下物体的运动方式），对移动的相对性感到担忧。他认识到，即使是为了测量速度，你也要有一个参照物。他设想宇宙空间是最大的参照系。恒星构成了坐标纸上的坐标网络，有了它，一切都能够测得。

一切都是相对的 牛顿的这一构想在 19 世纪遭到了奥地利哲学家、物理学家恩斯特·马赫的质疑。他认为牛顿提出的坐标网络太离谱

傅科摆

1851 年，为了证明地球的自转，物理学家莱昂·傅科在巴黎市中心进行了一项著名的实验。他在先贤祠的顶部悬挂了一个巨大的摆锤。由于地球自转，摆轴受到力的作用，因此它每天以每小时 11 度的速度缓慢旋转。在世界各地的博物馆内，均悬挂着类似的傅科摆。

1687 年 牛顿公布了他的水桶实验

1893 年 马赫出版了《力学史评》一书

1905 年 爱因斯坦提出了狭义相对论

恩斯特·马赫（1838—1916）

奥地利物理学家恩斯特·马赫不仅提出了马赫原理，还在光学与声学、感官知觉生理学、科学哲学等领域取得了丰硕的研究成果。特别值得一提的是他在超音速领域进行的研究。1877年，他发表了一篇颇具影响力的论文。在这篇文章中，他阐述了运动速度超过声速的发射物是如何产生类似于尾波的冲击波的。正是这种超声波引发了超音速飞机的音爆现象。如今，发射物或喷气式飞机的速度与声速之比被称作马赫数。比如，2马赫就是指声速的两倍。

了——我们必须承认，若没有其他参照物，运动就毫无意义。马赫提出，一个球无论是在法国，还是在澳大利亚，或者是在月球上，其运动方式均是不变的。不存在宇宙背景，只有物理现象。马赫受到了牛顿的对头戈特弗里德·莱布尼茨早期理论的影响，在只有相对的运动才有意义这个观点上，马赫是阿尔伯特·爱因斯坦的领路人。

马赫进一步对宇宙万物的运动进行了思索。由于引力的作用，不论质量大小，各个物体相互之间均施加了拉力。尽管引力强度随着距离的增加而减弱，但宇宙中有不计其数的物体，净引力效应也相当可观了。因此，他提出，每个物体均受到一个力的作用，力的大小和方向取决于空间中所有物体的位置和属性。运动取决于质量的分布，而非空间的特性。

牛顿的水桶实验 马赫只是重新探讨了牛顿最初的一个论证。其实，在尝试了解相对运动的时候，牛顿已经考虑到了旋转一个装着水的水桶时会出现的情景。当你旋转水桶时，大部分水起初是平静的。继而，旋转运动从桶壁传到了水，于是水开始转动。当水沿桶壁缓慢上升至桶的边缘时，水面会向下凹陷，水将要溢出但又受到阻力未能如愿。牛顿认为，这种力造成水面扭曲的迹象表明，它在相对于绝对宇宙空间的坐标网络进行旋转。

质量、重量与惯性

对于质量，人类有许多种看法。物体的质量与其包含的物质或原子的数量有关。无论在地球上、月球上，还是在真空中，质量都不会改变。它与重量之间存在着微小的差异——重量测量的是向下拉伸质量的引力，会随着引力场的变化而变化。据爱因斯坦所言，质量等同于能量。惯性与此相似，该术语源自拉丁语“懒惰”一词，表示对物体施加外力使其运动的难度。惯性大的物体阻抗移动，即使在外太空，也需要很大的力才能移动它。

然而，如果不利用坐标网络，如何才能知道旋转的到底是水、水桶，还是房间呢？或者说，是否是宇宙自身在旋转呢？这让马赫遇到了很大的挑战。他提出，如果水桶是宇宙中唯一的物体，那么我们将永远也无法知晓它是否在旋转。与其他运动方式相同，如果没有一个参照点，旋转就没有意义。他发明了自己的“那里的质量影响这里的惯性”原理——表明外部事物的存在影响着周边的运动。

在哲学上，马赫原理是令人瞩目的，而且后来还启发了许多物理学家。然而，他忽略了旋转产生的外力所带来的影响，比如，科里奥利力。爱因斯坦承担起了这一重任，去解答宇宙作为整体是否在旋转以及地球是否在以某种方式晃动这个问题。但这种作用至今没有发现。根据我们目前的认知来看，宇宙并不旋转。

遥远的质量影响附近的运动

22 狭义相对论

1905年，阿尔伯特·爱因斯坦明确提出了运动以及光速不变的概念。他的狭义相对论假定任何速度都无法超越光速，因此空间、时间以及质量在接近光速的临界点时都会发生扭曲。

爱因斯坦是科学界的一位偶像。他晚年的照片中卷曲又灰白的头发以及探询的目光举世闻名。不过，他最初也是默默无闻的，后来才声名鹊起，而且他配得上这种赞誉。爱因斯坦提出了一种全新的宇宙视角，这种视角虽然以艾萨克·牛顿的研究成果为基础，但同样意义深远。狭义相对论是他迈出的第一步，为其质量与能量等价理论奠定了基础。

了不起的门外汉 爱因斯坦在大学期间主修物理学，毕业后在瑞士专利局工作。起初，他只是一名科学爱好者。闲暇之余，他为恒定光速问题绞尽了脑汁。从 17 世纪起，人们就已经知道光线并不是瞬时传播的：早期，伽利略·伽利莱等人尝试测定闪光的时间；1676 年，丹麦天文学家奥勒·罗默利用木星的卫星木卫一（Io）在木卫食中表现出的微小延迟，证明了这一观点。包括牛顿在内的其他科学家最终把光速精确到了 30 万千米 / 秒。

“空间不是由许多聚拢在一起的点构成的，而是由许多相互连接的线构成的。”

——亚瑟·斯坦利·爱丁顿爵士

1864 年，苏格兰物理学家克拉克·麦克斯韦把光描述成一种电磁波——电场与磁场相互垂直，共同振荡，并且像水波一样向前传播。但是，这种描述显然需要某种物质作为其传播途径。因此，一种

大事年表

1676 年

罗默测量出了有限的光速

1864 年

詹姆斯·克拉克·麦克斯韦把光描述为一种电磁波

1887 年

迈克耳孙与莫雷没有验证出以太的存在

“光－以太的引入是多余的，因为……既不需要引入一个具有特殊性质的‘绝对静止的空间’，也不需要给发生电磁过程的真空中的每个点规定一个速度矢量。”

——阿尔伯特·爱因斯坦

遍布整个空间的电磁媒介应运而生，这种媒介被称作“以太”。

虚幻的以太 然而，1887 年，一个巧妙的实验证明了以太是不可能存在的。阿尔伯特·迈克耳孙和爱德华·莫雷尝试测量出两条相互垂直的光线经过同样的镜面反射后，所表现出的时间差。他们认为，由于地球围绕太阳公转，根据装置在背景以太中的运动，各束光线应存在不同程度的延迟。正如划船横过一条河然后再划回来要比逆流划过同等距离后再顺流返回的速度快。同样的道理，与以太流平行照射的光束也应存在微小的迟滞。但是，科学家并没有发现差异，无论地球朝哪个方向运动，无论他们如何设置自己的仪器。

很快，爱因斯坦认识到迈克耳孙和莫雷精心设计的实验证明以太是不存在的。同时，该实验与恩斯特·马赫提出的不存在物体运动所依托的背景参照系（见第 21 章）不谋而合。运动确实是相对的。但光线与水波和声波不同，它总是以相同的速度传播。然而，上述问题仍旧是个谜题——光线的传播是如何摆脱周围万物的呢？那又意味着什么呢？

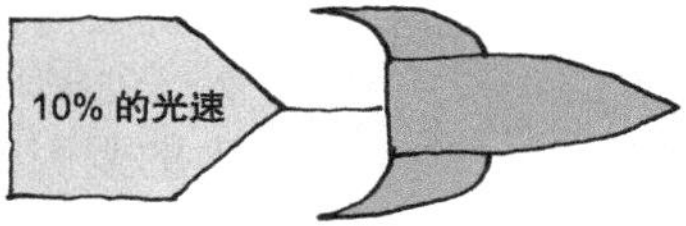

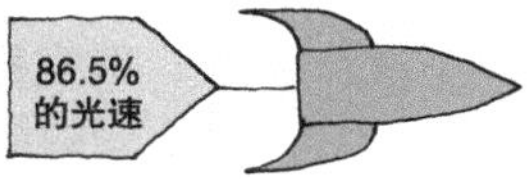

光速 在我们日常的经验中，速度是叠加在一起的。如果你正以 50 千米 / 小时的速度驾驶一辆汽车，此时另一辆汽车以 60 千米 / 小时的速度超越你，那么另

1893 年	1905 年	1915 年	1971 年
马赫出版了《力学史评》	爱因斯坦提出了狭义相对论	爱因斯坦提出了广义相对论	原子钟环球试验证明了时间的膨胀

孪生佯谬

假设时间膨胀适用于人类。好吧，它的确适用。如果和你长得一模一样的双胞胎兄弟乘坐飞船被送入了太空，而且飞船的速度足够快，飞行时间足够长，那么他衰老的速度要比地球上的你缓慢。当他返回地球时，可能会发现你衰老了，而他仍然年轻。尽管这似乎不太可能，但它确实不是一个佯谬，因为遨游太空的兄弟将体验到强大的力量，从而会发生这种变化。由于这种时间位移，在某一坐标系内同时出现的事情在另一个坐标系内可能不会出现。时间减慢时，长度也会跟着缩短。以光速移动的物或人不会注意到这两种变化，但在其他观察者眼中，这种变化一目了然。

一辆车看上去是以 10 千米 / 小时的速度行驶的，而你的车则是静止的。然而，这并不适用于光线。如果你的车正在以每小时数百千米的速度疾驶，你仍然可以测量出光线相对于你 30 万千米 / 秒的速度。无论你坐在超音速飞机上，还是走在乡间小路上，你手中的手电筒闪烁的速率也仍然等于这个数字。

爱因斯坦提出，如果光速是不变的，那么其他某种东西必定会发生变化以弥补光速的不变性。他设想坐在一列以接近光速行驶的火车上，当通过站台时，利用手电筒向站台上的人们发送信号。他想象每个观察者都会有自己的参考坐标系，用以测量出相对于他们的位移。对于没有处于加速状态的观察者而言，比如站台上的人或者坐在平缓行驶的列车上的爱因斯坦本人，他们的坐标系称为“惯性坐标系”。以太并不存在意味着静止的惯性坐标系同样是不存在的。

时空扭曲 爱因斯坦推测光速是无法超越的。因此，要想在保证光速不变的同时，把所有观察者的不同视点联系在一起，唯一的方法就是令惯性的测量参照系发生扭曲。每个观察者坐标系网格的距离为一米，

“相对论授予了一个数值以绝对的意义，尽管在经典理论中，它只有一个相对的含义：光速。”

——马克斯 · 普朗克

但界限的大小是随速度变化的。根据爱德华·洛伦茨、乔治·菲茨格拉德以及亨利·庞加莱早期的研究成果，爱因斯坦计算出了四维宇宙（空间的三个维度加上一个时间维度）中的运动情况。速度等于距离除以时间，所以为了避免超越光速，必须缩短距离并且减缓时间。综上所述，当火箭以接近光速的速度飞离你的时候，其长度看上去会缩短，经历的时间也比你所经历的慢。

对于任何以接近光速的速度移动的物体而言，爱因斯坦预计时间将会变慢或者膨胀。时间膨胀表明，在不同惯性坐标系内的时钟走动的速度也会不同。1971 年，这一点得到了证实。当时，在定期航班上放置了四个一模一样的原子钟，围绕地球飞行了两周，其中两个时钟随飞机向东飞行，两个时钟随飞机向西飞行。把原子钟的时间与放置在地球表面（美国）的一个同样的时钟的时间相比较，发现每个经历了飞行的时钟都变慢了不到一秒钟的时间，这与爱因斯坦的广义相对论相吻合。

物体的移动速度接近光速时，物体自身的质量可能会增大，从而使物体的速度不会跨越光速这条“鸿沟”。爱因斯坦通过其著名的方程式 $E=mc^2$（能量等于质量乘以光速的平方）来阐述这种情况发生的可能性。当物体的移动速度达到光速时，物体的质量会变得难以估量；质量会阻止物体获得更大的速度。因此，任何拥有质量的物体永远不可能真正地达到光速，只能是接近光速。当速度越来越接近光速时，物体会变得越来越重，并且越来越难以加速。光线是由几乎无质量、不受此影响的光子构成的。

爱因斯坦在其专利局办公室的办公桌上把这一切整理出来，并于 1905 年在一篇学术论文中向世人公布了自己的研究成果。尽管当时在科学界他还是一个无名小卒，但是德国著名物理学家马克斯·普朗克还是阅读了他的著述，并为之一振。如果没有普朗克的支持，爱因斯坦也许就成不了家喻户晓的人物。

光速不可超越

23 广义相对论

阿尔伯特·爱因斯坦于1915年发表的广义相对论是一部杰作，一个世纪后仍然经受住了考验。通过把万有引力引入狭义相对论，爱因斯坦的理论超越了牛顿定律，开启了一个崭新的宇宙视角。到目前为止，他的预测，包括光线经过质量较大的物体时会发生弯曲，都已经得到了证实。尽管如此，引力还没有与量子力学相统一，形成一个万能理论。

2007 年 4 月，理论物理学家史蒂芬·霍金搭乘了一架特殊的航班。自 20 世纪 60 年代起，由于患有运动神经元疾病，霍金过完 22 岁生日就丧失了活动能力。但在这架航班上，霍金从他的轮椅上自由地漂浮了起来。这圆了他的一个梦想——体验失重的感觉。在两个小时的时间里，他所乘坐的飞机在大西洋上空进行了过山车般的盘旋飞行。当它沿抛物线状的轨迹向上飞行时，乘客们牢牢地坐在各自的座椅上。当到达飞行轨迹的顶点时，它向前倾斜并垂直下落，从而让霍金以及他的助手摆脱了引力的束缚。几分钟内，他们一度感觉自己仿佛进入了太空。

航天员也像霍金这样在飞机上进行训练，并把这种飞机戏称为“呕吐彗星”，以此来表达他们经历的那种不舒服的晕机状态。然而，霍金平安无事，并且爱上了这种经历。“让人印象太深刻了，”他谈道，“零重力的感觉很美妙，高重力亦无什么问题。我本可以继续下去。”霍金体验到的重力变化是由飞机加速造成的。

大事年表

1687 年
牛顿提出了万有引力定律

1905 年
爱因斯坦提出了狭义相对论

1915 年
爱因斯坦提出了广义相对论

“据说，1919 年，当被问到‘世界上真的只有三个人理解广义相对论吗？’这个问题时，我回答说：‘谁是第三个人？’”

——亚瑟·斯坦利·爱丁顿爵士

加速坐标系 一个世纪以前，阿尔伯特·爱因斯坦认识到加速度与重力是等效的。狭义相对论描述了物体在拥有固定速度的参照系或惯性坐标系中的运动方式，类似地，引力是物体处于正在加速的参照系中产生的结果。他把这个观点称为其一生中最快乐的想法。

随后，爱因斯坦开始着手研究工作，试图把有关相对位移的所有想法与引力相结合，形成一个统一的理论。1915 年，他发表了这个统一的理论，即广义相对论。在想法逐步成型的过程中，他曾做了几次修改。他提出的理论令同行侧目，该理论甚至还包含了一些可验证的古怪

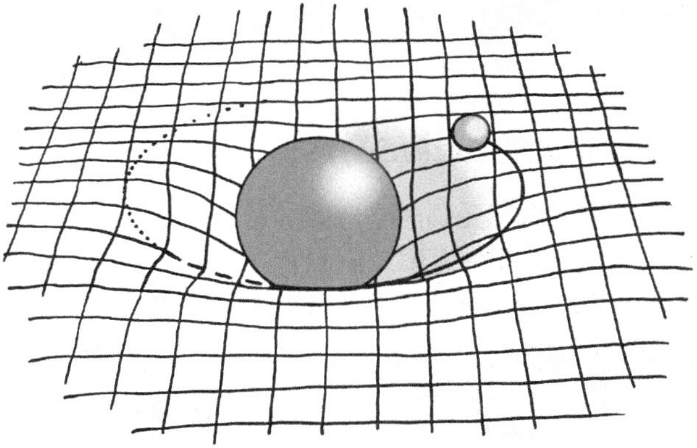

1919 年

日食的观测结果验证了爱因斯坦的理论

20 世纪 60 年代

在宇宙空间中，天文学家找到了黑洞存在的证据

2004 年

NASA 发射了引力探测器 B，用以验证爱因斯坦的理论

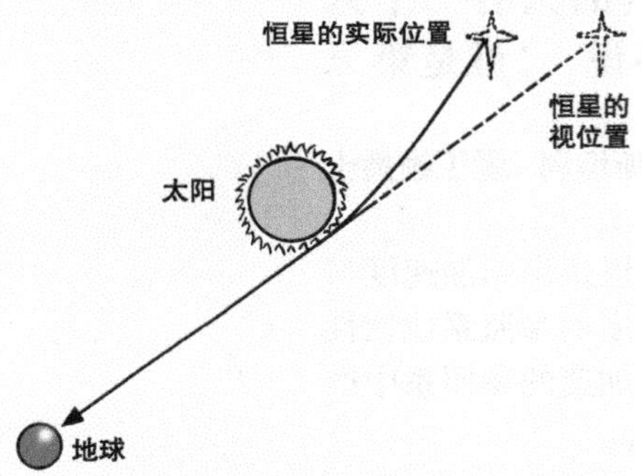

预测，比如，光线受到引力场的作用会发生弯曲，或者由于太阳引力的作用，水星椭圆形轨道的轴线将缓慢转动。

在广义相对论中，空间的三个维度与时间相结合，构成了四维的时空网格。光速是恒定的，并且是无法超越的。在运动和加速过程中，时空发生弯曲以维持光速的不变性。可以将时空想象成一块扁平的橡胶板。质量较大的物体放置在橡胶板上，会形成一个凹陷，使其周围的时空下沉。这影响了其他经过的物体的运动轨迹：当体积较小的球滚过一个体积较大的球时，它的路径会发生偏转。这种把较小物体向较大物体拖拽的拉力相当于万有引力。

处于运动状态的球体，其运动速度会影响反应。如果凹陷处足够深，而且球体的运动速度足够快，那么球体可能会陷入其中并围绕较大的物体进行公转。如果它的速度再快一些，那么它将会从凹陷处逃脱。爱因斯坦设想，行星与恒星就是以类似的方式陷入到了时空板当中。他能够解释物体跨越时空板时的运动状态，与高尔夫球在球场上滚动类似。

弯曲的时空 由于受到时空弯曲的影响，光线经过质量较大的物体时也会出现偏斜。因此，太阳一侧的背景星辐射出的光线在经过太阳边缘时会向内偏转。从地球上看去，恒星在天空中的位置将相对于周围的恒星有轻微的移动。1919 年 5 月 29 日，爱因斯坦的预言得到了证实。在当天日全食期间，天文学家测量出了恒星的偏斜。在世界上顶级天文学家的见证下，那个瞬间也成了爱因斯坦人生中最重要的成功时刻之一。

“你和一个漂亮姑娘在长椅上坐了一小时，却觉得只过了一分钟；你紧挨着一个火炉坐一分钟，却觉得过了一小时。这就是相对论。”

——阿尔伯特·爱因斯坦

引力波

引力波能够在时空板中形成，特别是可以从黑洞以及脉冲星等高密度旋转致密星中辐射出来。这是广义相对论的另一个研究方向。天文学家已经观测到脉冲星的旋转速率在降低，因此认为这些能量已经在引力波中消失殆尽。然而，人类还没有探测到这种波的存在。物理学家正在地球上和太空中建造巨大的探测器，希望在引力波经过时，利用极长的激光束可能出现的摇摆来找到它们。一旦探测到引力波，这将是爱因斯坦广义相对论的又一大成就。

天文学家已经从宇宙最远端的物体上探测到了光线的弯曲现象。来自遥远星系的光线在经过质量较大的区域时，比如经过某个巨大的星系团或者某个质量可观的星系时，会发生弯曲，背景光点也会散射成弧状。由于与透镜的聚焦功能类似，这种现象被称为引力透镜效应。哈勃太空望远镜已经拍下了许多这种壮观的景象。

必然之事 在长达一个世纪的时间里，爱因斯坦的广义相对论取得了突飞猛进的发展。截至目前，还没有哪次观测的结果能够动摇这个理论。天文学家预计，如果的确有什么地方有违广义相对论的话，那么该区域的引力一定极强或极弱。黑洞（见第 24 章）就像是时空板上存在的一口口深井，井壁极为陡峭，以至于任何靠近的物体都将坠入其中，光线也不例外。在时空中，它们具备洞穴或者奇点的特性。时空同样可能在虫洞或细管中发生弯曲，然而目前还没有人真正目睹过这种事情。

物理学家怀疑，在引力较弱的区域终有一天会显现出引力颗粒状的特性。就像光由众多单个光子构成，每个光子均承载着一个能量包一样，引力也可能包含大量的基础成分或者量子。在爱因斯坦发表广义相对论后不久，其他物理学家纷纷开始着手研究量子力学理论，来描述原子世界的活动方式。爱因斯坦则继续尝试把万有引力理论与量子力学整合在一起。然而，这次他一反常态，竟然失败了。此后，包括霍金在内的许多物理学家也在试图攻克这个难题，但至今未果。

弯曲的时空

24 黑洞

黑洞遍布整个宇宙，作为死去恒星的残骸以及巨大星系（包括我们的银河系）的内核。黑洞是时空中的深井，连光线也无法从中逃脱。对于宇宙中任何一个漫游者而言，这都是致命的威胁。落入黑洞可没有什么好下场。在你盘旋坠落的过程中，你的身体将被巨大的引力撕扯成意大利面条似的形状。

黑洞是一种时空坑，深且陡峭，任何靠近的物质都将坠入其中，不能自拔。它是时空板上的洞，是系在篮筐上的篮网，只是你投出的篮球永远也弹不回来。

由于黑洞的引力极强，光也无法逃逸，黑洞内是没有光线存在的。发生这种事件的边界被称作“事件视界”。如果你把一个球抛向空中，球受到地球的引力，到达一定高度后就会下落。你抛掷的速度越快，球飞得就越高。如果你用的力足够大，那么它将逃脱地球的地心引力，呼啸着进入太空。地球上的逃逸速度为 11 千米 / 秒。火箭离开地球需要达到这个速度。月球的体积较小，逃逸速度较低（2.4 千米 / 秒）。天体的质量越大，逃逸速度就越高。如果天体的质量足够大，逃逸速度可以达到甚至超过光速（30 万千米 / 秒）。如此一来，即使是光线也无法摆脱该天体的引力束缚。这便是黑洞。

弯曲的时空 黑洞的概念最初由地理学家约翰·米歇尔和数学家皮埃尔 – 西蒙·拉普拉斯于 18 世纪提出。后来，在阿尔伯特·爱因斯坦提出相对论之后，卡尔·史瓦西计算出了黑洞的外形特征。在爱因斯坦的

大事年表

1784 年	1915 年	20 世纪 30 年代
米歇尔推导出暗星存在的可能性	爱因斯坦提出了广义相对论	预测凝滞星球的存在

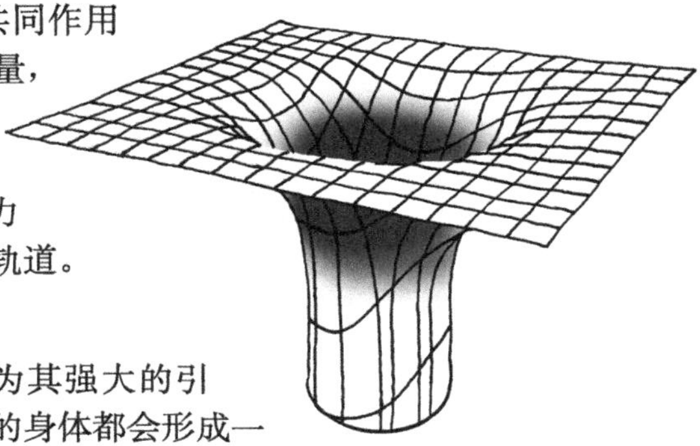

广义相对论中，空间与时间是相互连接、共同作用的，就像一块巨大的橡胶板。由于物体的质量，引力会使橡胶板发生弯曲。诸如行星这样较重的物体会在时空中形成凹陷，其引力相当于你滚入凹陷处时感受到的力。这个力可能会弯曲你的路径，甚至会把你拉入它的轨道。当你在黑洞附近经过时，亦是如此。

撕碎 黑洞是致命的。与其说这是因为其强大的引力，不如说是因为黑洞边界过于陡峭，让你的身体都会形成一个明显的坡度。如此一来，你的头部和脚部将会受到大小方向不同的力，将你的身体拉长，就如同把你放在了肢刑架上。再加上洞中无规则的旋转运动，你将瞬间被拉伸得像口香糖一般——坠入黑洞也经常被描述为被“意大利细面条化”。

在黑洞附近逃生的一个办法是抵抗住那里出现的强大引力作用。物理学家已经计算出，将一种高质量、高密度的材料环围在你的腰间就足以在你坠入黑洞时保护你。黑洞你腰环的引力将抵消黑洞引力施加在你的头部与脚部的拉伸作用。但缺点是材料环的体积将十分庞大。根据

虫洞

如果将黑洞视作横亘在时空板上的长管，那么两根长管就有可能搭接在一起，在黑洞的两洞口之间将会形成一根细管或者虫洞。科幻小说中带着救生装备穿梭时空的游侠有可能会纵身跃入一个黑洞，然后从另一个黑洞跳出去。虫洞甚至能够延伸到一个完全不同的宇宙中去。重连宇宙的可能性是无穷无尽的。

1965 年	1967 年	20 世纪 70 年代	2010 年
天文学家发现类星体	惠勒用“黑洞”一词重新命名了凝滞星球	霍金提出了黑洞之死	大型强子对撞机开始运转

迷你黑洞

有人提出黑洞可能会在地球上出现。有朝一日，世界上最强大的粒子加速器可能会制造出微小的黑洞来，因为它们在以相当高的能量运转，比如，位于瑞士日内瓦的欧洲核子研究组织研制的大型强子对撞机。一旦研制成功，将没有人知道会发生什么事情：黑洞会把整个地球蒸发掉，让它缓慢消失，还是吞噬掉？大部分科学家认为，实际上不存在这种风险。不过，从理论上和实际探索上对黑洞了解越多，我们就越安全。

天文学家理查德·戈特和德博拉·弗里曼的观点，其大小与土星环相仿，质量堪比小行星，只有这样方能奏效。在坠入黑洞的过程中，它将会与你成为一体；即使如此，它也只是让你多存活一秒，黑洞最终还是会吞噬你的生命。

发现黑洞 黑洞是黯淡无光的，但有两种方法可以找到它们的踪影。首先，它们会把其他物体朝它们的方向牵引，所以借此现象能够探测它们的存在。这个方法已经应用于对潜伏在银河系中心的某个黑洞的确认工作。经过其附近的恒星会被看到一闪而过，被向外抛出，进入到更长的轨道上。银河系的黑洞质量大约是太阳的 100 万倍，却被挤压在一个半径只有 1000 万千米（30 光秒）左右的区域内。位于星系当中的黑洞被称为特大质量黑洞。我们并不知道它们是如何形成的，但它们似乎影响着星系的成长。因此，也许它们起初就已经在那里了，或者是由数百万颗坍缩的恒星汇聚而成的。

第二种观察黑洞的方法是，借助热气落入黑洞时燃烧所辐射出的光线。作为宇宙中最闪亮的物体，类星体发光是因为位于遥远星系中央的特大质量黑洞将气体吸入到了自己的洞中。小型黑洞虽然质量仅相当于几个太阳的质量，但通过落入其中的气体发射出的 X 射线，仍然能够找到它们。

时间凝滞 黑洞的另外一个特性是时间凝滞现象。对于遥远的观察者而言，不幸进入事件视界之内的太空遨游者似乎在进入的一瞬间就开始处于静止的悬停状态了。在“黑洞”这个名词出现之前，科学家就已经认识到了这种运动状态。1967年，约翰·惠勒发明了生动易记的“黑洞”一词，取代了“凝滞的星球”的概念。而在20世纪30年代，物理学家卡尔·史瓦西和爱因斯坦（在其广义相对论中）对凝滞星球的存在作出了预测。他们认为，由于光波传播到我们这里所需的时间越来越长，因此，接近事件视界的燃烧物质在进入时，看上去将会放慢速度。在物质通过事件视界的过程中，外界的观察者会目睹到时间完全停滞的状态。在它穿过视界的一刹那，物质看上去凝滞了。由此，物理学家对坠入事件视界瞬间的星球和时间的凝滞现象作出了预测。

“黑洞是宇宙中最完美的宏观对象：它们唯一的构成元素是我们对于时空的诸概念。”

——苏布拉马尼扬·钱德拉塞卡

天体物理学家苏布拉马尼扬·钱德拉塞卡提出，质量超出太阳质量1.4倍的星球将最终坍缩为黑洞。然而，如今我们知道白矮星与中子星会依托其他力量（量子压力）支撑自己的架构，因此，黑洞需三倍以上的太阳质量才能够形成。直到20世纪60年代，科学家才找到有关凝滞星球或者黑洞的证据。

黑洞之死 令人不可思议的是，像黑洞这样的饕餮之物也有消亡的一天。它们最终会蒸发殆尽。20世纪70年代，史蒂芬·霍金提出黑洞并不是完全漆黑一片。由于量子效应，黑洞会辐射出粒子。质量会以这种方式逐渐流失，并且黑洞会因此萎缩，直至消失。黑洞的能量不断创造出成对的粒子以及与之对应的反粒子。如果这一幕发生在事件视界附近，那么有时候虽然其他粒子都落入到了黑洞中，但还是会有个别粒子逃逸。在外界看来，黑洞似乎辐射出了粒子，这种现象被称作霍金辐射。辐射出的能量引发了黑洞的缩小。此概念仍然停留在理论阶段，没有人真正知道黑洞发生了什么。然而，黑洞相对常见的事实表明，这个过程需要花费很长的时间。

光的陷阱

25 粒子天体物理学

宇宙空间中充斥着各种各样的粒子，它们通过宇宙磁场获取加速度，因而拥有极大的能量。这与物理学家利用有限的人造设备进行的尝试如出一辙。在空间中寻找宇宙射线、中微子以及其他难以俘获的微粒将有助于我们认识宇宙的构成。

从古希腊时期开始，人类就认为原子是宇宙的基本组成成分。如今我们了解到，原子可分解为带负电的、质量极轻的电子以及带正电的原子核，电子围绕着原子核运动。原子核由质子和中子构成。这些微粒甚至还能继续分解。此外，现代物理学家已经发现了大爆炸时宇宙产生的大量基本粒子。

原子 1887 年，约瑟夫·约翰·汤姆森在实验室中做了实验。他向充满气体的玻璃管内通电，从原子中率先“解救”出了电子。不久，欧内斯特·卢瑟福在 1909 年发现了原子核，并以拉丁语“果核”一词命名。在利用 α 粒子（一种由两个质子和两个中子构成的放射物）轰击一片薄金箔的过程中，他惊讶地发现，少部分粒子击中了金原子中心的某种结构紧密、质地坚硬的物质，然后径直向他弹了回来。

1918 年，通过分解氢元素的原子核，卢瑟福识别出了质子。然而，要把其他基本组成成分的电荷与重量一一匹配起来是十分困难的。

20 世纪 30 年代初，詹姆斯·查德威克找到了那个失踪的成分——中子。这种中性粒子的质量几乎与质子无异。现在，人类已经清楚各种

大事年表

公元前 400 年	1887 年	1909 年	1918 年
德谟克利特提出了原子的概念	汤姆森发现了电子	卢瑟福进行了金箔试验	卢瑟福分离出了质子

“这太不可思议了！就好像你用一颗 15 英寸的大炮去轰击一张纸，而你竟被反弹回的炮弹击中一样。”

——欧内斯特·卢瑟福

元素拥有不同重量的原因了，包括质量奇怪的同位素在内。例如，碳 12 由含有 6 个质子和 6 个中子（从而使其拥有 12 个原子单位的质量）的原子核以及围绕原子核运动的 6 个电子组成，而碳 14 则多了两个中子，因此更重。

原子核的体积极小，是原子体积的十万分之一。它的直径只有几毫微微米长（10^{-15} 米，或一万万亿分之一米）。如果将原子按比例放大，使其直径达到地球直径的长度，那么处于其中心的原子核的直径也仅有 10 千米，只相当于一个曼哈顿岛的长度。

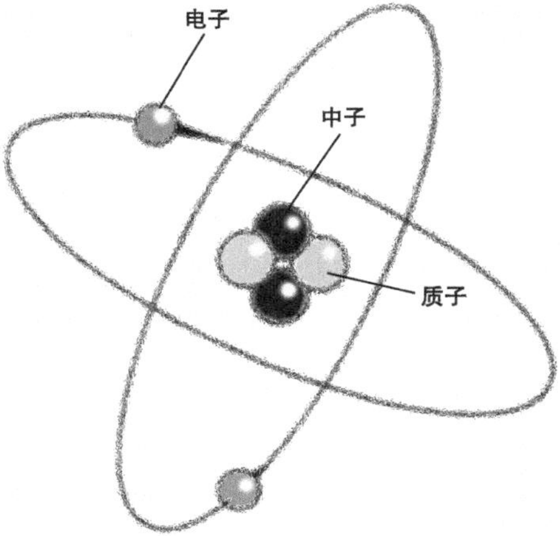

标准模型 人们从放射现象中进一步了解了原子核分裂（核裂变）与聚合（核聚变）的方式，其他现象也亟待解释。经过核聚变，太阳中的氢元素燃烧变为氦元素，这涉及另外一种粒子——中微子，它把质子转化为中子。1930 年，科学家在解释中子衰变为一个质子和一个电子（即 β 放射性衰变）的时候推断出了中微子的存在。然而，几乎没有质量的中微子直到 1956 年才被发现。

20 世纪 60 年代，物理学家认识到质子与中子并非最小的基础单位，它们内部还存在

1932 年	1956 年	20 世纪 60 年代	1995 年
查德威克发现了中子	科学家找到了中微子	科学家提出了夸克的概念	科学家发现顶夸克

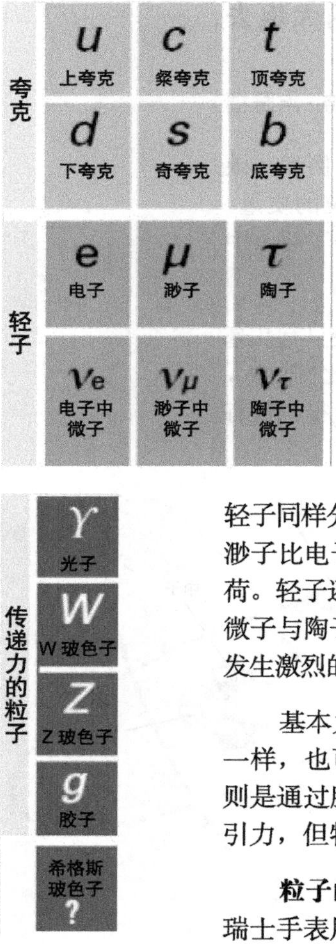

着更小的粒子，这种粒子被称为夸克。夸克有一种叫“色荷”的性质。色荷共分三种，分别为红色、蓝色和绿色。此外，夸克分为六种“味”，两两一组，质量逐级递增。质量最轻的是“上”夸克与“下”夸克，其次是“奇”夸克与“粲”夸克，最后，“顶”夸克与“底”夸克是最重的一组。物理学家选用罕见的名称来表示夸克的特性，这尚无先例可循。夸克不能以个体的形式长时间存在，必须一起形成一个色中性（不表现出任何色荷）的束缚系统。可能是三个夸克组合成重子，包括普通的质子和中子；也可能是夸克与反夸克组合，这称为介子。构成一个质子（两个上夸克和一个下夸克）或中子（两个下夸克和一个上夸克）需要三个夸克。

下一级粒子称作轻子。它既与电子有关，又包含电子。轻子同样分为质量逐步递增的三代：电子、渺子（μ 子）以及陶子（τ 子）。渺子比电子重 200 倍，陶子比电子重 3700 倍。所有的轻子均带一个负电荷。轻子还拥有一种与之相关联的粒子，即中微子（电子中微子、渺子中微子与陶子中微子），均不带电。中微子几乎没有质量，也不与任何物质发生激烈的反应。它们能够在不知不觉中穿过地球，因此难觅其踪。

基本力是依靠粒子的更替产生的。就像可以把电磁波看作一束光子一样，也可以认为弱核力是通过 W 玻色子和 Z 玻色子传播的，强核力则是通过胶子传播的。然而，这里所说的粒子物理学标准模型并不包括引力，但物理学家试图将其包括在内。

粒子的撞击 科学家曾这样形象地描绘粒子物理学：将一块精密的瑞士手表用锤子砸碎，然后研究这堆尖利的碎片如何工作。地球上的粒子加速器利用巨大的磁体赋予粒子以极高的速度，继而令那些粒子束撞向目标物或撞向反方向传播的粒子束。在速度适中的情况下，粒子会略微分解，释放出质量最轻的一代粒子。由于速度意味着能量，因此需要能量更高的粒子束才能释放出更重的粒子。

根据粒子轨道照片，科学家可以识别出各种粒子。当它们经过某个磁场时，带正电的粒子向一个方向发生偏转，而带负电的粒子则向另一个方向偏转。同样，粒子的质量决定着其通过探测器时的速度及其在磁场中运行路径的弯曲度。因此，质量较轻的粒子弯曲不明显，而较重的粒子甚至可以进行螺旋运动，形成环状轨迹。物理学家通过探测器绘制出它们的特性，并与理论预期相对比，就能够分辨出各种不同的粒子。

“除了原子和虚空外，别无他物。其他的万物不过是各种意识罢了。”

——德谟克利特

宇宙射线 在宇宙空间中，粒子产生的过程与地球上的加速器制造粒子的过程相仿。无论哪里存在强磁场——例如在银河系中央，在超新星爆炸现场，抑或在黑洞飞出的喷射流中——粒子均能获取难以置信的能量，有时的运动速度可接近光速。反粒子同样能够创造出来，当反粒子与普通物质接触时，观测到它们湮灭的几率将会增加。

宇宙射线是指在空间中诞生、闯入地球大气层的粒子。当它们与空气中的分子发生碰撞时，将“粉身碎骨”，并进一步产生大量较小的粒子，其中一些将落到地球上。当这些粒子雨在地球上的探测器前一闪而过时，我们就能捕捉到它们。天文学家希望通过测量宇宙射线的特定能量值以及它们飞入大气层的方向来了解它们的来源。

天文学家同样在满怀期待地寻找着中微子的踪迹，因为很可能是它们构成了宇宙中的暗物质。然而，它们几乎不与任何物质接触，所以难以探寻。为了找到它们，物理学家绞尽了脑汁，他们利用整个地球当做探测器。在恰好穿过地球的过程中，中微子偶尔会放慢速度。届时，大量探测器将严阵以待，比如安装在南极冰盖内以及地中海中的新型探测器。其他深藏在矿井中进行的实验将设法捕捉到其他类型的粒子。借助此类充满想象力的方法，天文学家可以在未来几十年内探明宇宙的构成。

宇宙加速器

26 希格斯玻色子

质量是从哪里来的？有一种说法是，基本粒子与所谓希格斯场发生相互作用而获得质量。而希格斯场对应的就是希格斯玻色子，为了验证这种粒子是否存在，科学家在瑞法边境的阿尔卑斯山麓进行了一项重大的试验。

2010 年，大型强子对撞机（LHC）开始寻找一种从未发现过的亚原子粒子——希格斯玻色子。这台庞然大物在欧洲核子研究组织（CERN）内开始运转。CERN 坐落在日内瓦附近，是一个巨大的粒子物理实验室，内建有数条环形隧道，最长的一条长达 27 千米，位于地下 100 米处。LHC 是其最新项目，该项目旨在寻找难以寻觅的希格斯玻色子——一种较重的粒子，与质量起源理论息息相关。

在 LHC 中，两股方向相反的一连串质子团被巨型超导磁铁束缚和加速，围绕着广阔的地下轨道绕转。在绕转的过程中，质子被持续加速，因此速度越来越快。当它们的速度达到尽可能高时，相向的质子团在四个碰撞点处发生碰撞。由于速度极高，质子在撞击中分崩离析，并释放出大量的能量。

粒子雨 由于这种能量的释放，大量其他粒子生成了。正如爱因斯坦在其相对论中所述，质量与能量是等效的。因此，撞击产生的能量越高，能够产生的潜在粒子的质量就越大。物理学家估计，希格斯玻色子的质量要比质子的质量高出一百倍以上，所以它们的生成需要非常高的能量。当然，要从粒子雨中找到它们，我们也需要有足够的运气。

大事年表

1687 年	1964 年
牛顿运动定律用惯性来度量质量	希格斯提出了物质的质量之源

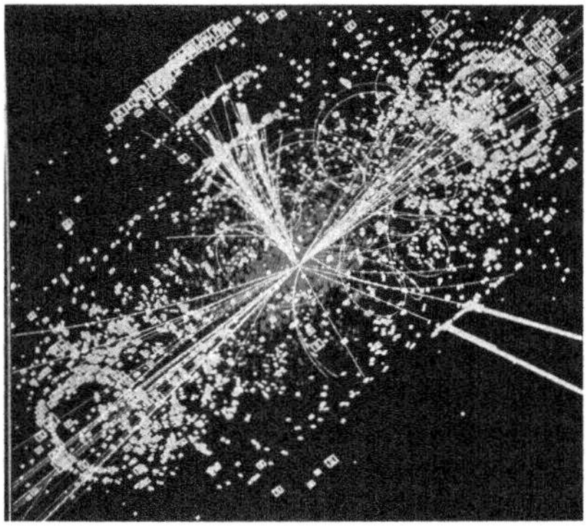

希格斯玻色子的衰变物的模拟轨迹

有时候，可以将粒子撞击试验描述为用锤子砸碎一块瑞士手表，来研究手表如何运作。在电光火石之间，可能会产生各种各样的粒子。物理学家让撞击生成物穿越某个磁场，并观察它们的轨迹如何发生弯曲，从而对生成物进行筛选。带正电的粒子与带负电的粒子在磁场中偏离的方向是相反的。它们的轨迹弯曲形成螺旋结构，螺旋结构的紧密程度取决于粒子的质量。因此，通过测量粒子的轨迹，物理学家能够得出它的质量以及电性。

希格斯的设想 希格斯玻色子是大型强子对撞机苦苦寻觅的圣杯。而希格斯玻色子之所以非常重要，是因为物理学家认为基本粒子通过与希格斯场发生相互作用而获得质量，而希格斯场对应的就是希格斯玻色子。因此，只要找到希格斯玻色子，就能证明希格斯场的存在。英国物理学家彼得·希格斯于1964年提出，借着与某种场的相互作用，某些原本没有质量的粒子可以获得能量，根据爱因斯坦的质能方程式，这就等于获得质量。由于不同种类的粒子与这种场作用的程度不同，获得的质量也就不同。希格斯为人谦逊，他说自己是在苏格兰高地上散步时产生了“这个了不起的想法”。

希格斯的设想解决了不同粒子具有不同质量的问题。例如，原子由质量较大的质子和中子构成，质量较小的电子围绕其运动。基本相互作用也是通过粒子传播的。然而，尽管这些基本相互作用的载体功能相似，但它们其实千差万别。光子承载着电磁相互作用中的信息，胶子在夸克之间传递强相互作用，所谓的W玻色子和Z玻色子则负责传递弱相互作用。光子没有质量，W玻色子和Z玻色子的质量很大，比质子重一百多倍。

根据粒子物理学的标准模型，这些基本相互作用理应被统一到一起，那么这些不同的粒子质量就更加难以理解。例如，电磁相互作用与弱相互作用已经统一成了电弱相互作用。但在一个理论中，不同相互作用的载体竟然存在如此大的差异，这似乎说不通。为什么诸如 W 玻色子和 Z 玻色子这样的相互作用载体是有质量的？为什么它们不像光子那样是无质量的呢？

减速 希格斯设想这些相互作用的载体在穿越某种场时，速度会降低。就像把一颗弹珠放进一杯糖浆中一样，粒子会努力加快速度，表现得好像具有很大的惯性（也就是说，质量）。这种场现在被称为希格斯场，像黏性液体一样，它会减缓 W 玻色子与 Z 玻色子的移动速度，并将质量有效地赋予它们。希格斯场对 W 玻色子和 Z 玻色子的影响要大于对光子的影响，因此 W 玻色子和 Z 玻色子显得质量更大一些。

与希格斯场对应的粒子如今被称为希格斯玻色子。人们常用的另一个类比是，将一个质量较大的粒子想象为一位电影明星，他走进了一个充满希格斯玻色子的鸡尾酒会。由于各种应酬减慢了他的步伐，这位明星发现要想穿过酒会的房间真是步履维艰。当然，仍然存在一个疑问，即到底是什么赋予了希格斯玻色子质量。物理学理论预测可能存在与希格斯玻色子类似的东西，但并没有预测出它的具体质量。因此，还无法通过 LHC 发现它。

为了找到希格斯粒子，物理学家不得不在数十亿颗其他粒子的信号中寻找蛛丝马迹。尽管他们清楚自己在寻找什么，但搜索工作仍然任重道远。即使能量足够高，在衰变为其他粒子之前，希格斯粒子也只会“昙花一现”。因此，不是尝试直接观察希格斯粒子，物理学家只好观察其衰变产物，然后回过头来证明该粒子的存在。

对称性破缺

在大爆炸发生后的百分之一秒内，宇宙经历了电磁相互作用、强相互作用、弱相互作用以及引力相互作用这四种基本相互作用相继出现的阶段。就像水从水蒸气凝结成液态，继而固化为冰，宇宙结构在冷却的过程中变得愈发不对称。宇宙在经历各个阶段的更迭时，产生了种种不完美，正如含有水分子的冰晶所呈现出的瑕疵。理论家提出，时空中的这些“拓扑缺陷”（topological defect）包括线状的“宇宙弦”、只有一端带有磁性的“磁单极”以及被称作“纹形”的扭曲结构。

> “当时显而易见可以做的是，在最简单的规范场论（量子电动力学）中尝试一下，打破其对称性，看看会发生什么事情。”
>
> ——彼得·希格斯

基本相互作用 假定希格斯玻色子是以某种形式存在的，那么它在早期宇宙中一定具有举足轻重的地位。大爆炸发生后的一瞬间，宇宙的温度极高，以至于没有原子存在，而四种基本相互作用——电磁相互作用、强相互作用、弱相互作用以及引力相互作用——被整合成了一种“超级相互作用”。随着宇宙的冷却，各种相互作用在对称性破缺的过程中依次脱离了出来。每当对称性遭到破坏时，便会出现一个相互作用。例如，摆好了餐巾和刀叉的圆桌是对称的，因为无论你坐在哪个位置上，桌子看上去都没有区别。然而，如果有一个人拿起了左侧的一块餐巾，那么对称性就不存在了——你能够辨别自己的位置与那个缺少了餐巾的位置之间的关系。介入破坏了对称性。而且，它会影响接下来发生的事情——其他人可能都会拿起位于自己左侧的餐巾，以效仿第一个人。如果第一个人拿起的是右侧的餐巾，那么接下来发生的事情可能就会相反。后续事件是由触发它的随机事件决定的。同样的道理，随着宇宙的冷却，一些事件引发了四个相互作用依次从“超级相互作用”中脱离。继而，希格斯场对每个相互作用施加了影响，赋予了作为这些相互作用的载体的粒子以质量。

一旦 LHC 找到了希格斯玻色子，物理学家将会为此欢呼雀跃。仅就有望发现玻色子一事就引发了一场论战：这份赞誉是否真的应该属于希格斯呢？希格斯本人坦承他在自己的方程式中描述这种粒子的时候，借鉴了他人的研究成果，并强调这种粒子只是某些人以他的名字命名了，而非他的粒子。诺贝尔物理学奖获得者莱昂·莱德曼甚至更进一步，把希格斯粒子称为“上帝粒子”。

物理学家能否利用 LHC 探测到希格斯玻色子，结果将至关重要。[①] 基本粒子在质量上跨度很大，从中微子到顶夸克，相差了 14 个数量级。这对任何理论来说都是一种挑战。如果希格斯玻色子不现身，那么一种全新的物理学就需要现身。

质量之源

① 2013 年 3 月 14 日，CERN 宣布在上一年探测到的新粒子暂时确认为希格斯玻色子。同年 10 月，弗朗索瓦·恩格勒、彼得·希格斯荣获 2013 年诺贝尔物理学奖。
——编者注

27 弦理论

弦理论把原子的成分表示为十一维空间内的振荡模型，而非硬球。弦理论最初是作为整合引力与量子力学的方法提出的，现在仍处于发展阶段，但它为人们研究大爆炸前的宇宙提供了数学视角。

万有理论是物理学领域的一个圣杯。如何把宏观的万有引力与微观的量子力学理论进行统一是寻找圣杯的一大障碍。用万有引力来解释前因后果是轻而易举的事——行星的运行轨迹可以精确地预测。然而，量子力学却不具有这种确定性，电子在原子中的位置只能以概率的形式来描述。

许多科学家曾经尝试统一万有引力与量子理论，其中包括20世纪40年代的阿尔伯特·爱因斯坦，但都以失败告终。众所周知，爱因斯坦公开反对事物的模糊量子态，说出了“上帝不会掷骰子”这句话。诸如史蒂芬·霍金和罗杰·彭罗斯这样的著名思想家也仍然在进行尝试。为了解释宇宙，他们从数学基础进行尝试。弦理论就是他们迈出的第一步。

振荡圈 20世纪20年代，科学家提出了弦理论。当时，西奥多·卡鲁扎把波的数学特性应用到了原子上。该理论在20世纪七八十年代获得了突飞猛进的发展。弦理论方面的专家并没有把基本粒子（比如夸克、电子以及光子）看作一块物质或能量，而是把它们想象成振动。粒

大事年表

1921年
卡鲁扎－克莱因理论建议统一电磁力与万有引力

1970年
南部阳一郎利用量子力学与弦理论对强核力进行了描述

1970年年中
提出量子引力理论

> “有了这些额外的维度，弦就可以以多种方式在多个方向上振荡，这是我们对所有可见粒子进行描述的关键。”
>
> ——爱德华·威滕

子具有的不同质量、电荷数以及能量，它们源于弦振动所产生的和声。弦是一种能够在多个维度中延伸的线。当吉他琴弦的长度发生变化时，会产生不同的音符。同理，当弦以某种方式振荡时，产生的粒子是夸克；当它以另一种方式振荡时，产生的粒子可能是电子。

然而，弦理论中的弦与吉他弦有着明显的差异。吉他的弦在四维空间中振动——空间的三个维度加上时间的一个维度。我们了解的万物皆受限于时空的这四个维度，而亚原子微粒的弦能在最高达到十一维的空间中振荡。另外七个维度隐藏在我们的视线之外。在我们的世界里，粒子只显现出一个维度，甚至没有维度；其余的维度则高度弯曲，因此我们注意不到。

弦可以有端点，也可以连接成闭合圈。从本质上讲，它们全是由相同的数学要素构成的，差异性仅仅体现在各种各样的构造与和声上。因此，在某种程度上，弦理论是约翰尼斯·开普勒的想法在现代的延伸——16 世纪末，他猜想宇宙是根据音符与和弦，遵照单纯的数列和比例关系排列的。

是爱还是恨 弦理论完全是数学上的概念，仍然有待全面计算。在自然世界里，还没有人目睹过弦的存在，也没有人知道如何判定它是否真的存在。至今，还没有实验能够检测出弦理论是否绝对正确，尽管大

1984~1986 年	20 世纪 90 年代	2009 年
蓬勃发展的弦理论对所有粒子进行了解释	威滕与其他学者共同提出了十一维度中的 M 理论	大型强子对撞机实验开始运行

型强子对撞机实验可能已经验证了某些预测。该实验在位于瑞士日内瓦的欧洲粒子物理学实验室内进行。验证的难度在该领域引发了一些质疑。

许多科学家都遵循哲学家卡尔·波普尔的信条：科学主要是由可证伪性推动发展的。先提出一个想法，然后把它转化为严谨的假设，并检验假设是否经得住实验的验证。如果假设经受住了验证，那么你便可以鼓励自己，并进一步发展自己的想法；如果假设失败，那么你就从头再来。波普尔指出，只有后一种情况能够让你学习到新的东西。然而，弦理论仍然有待发展，所以还没有建立起任何可验证的假设。有一种说法是：有多少位弦理论方面的专家就有多少种弦理论。

M 理论 20 世纪 90 年代，美国物理学家爱德华·威滕曾尝试把所有弦理论统一为一个大的框架。他把这个框架称作 M 理论。不同的科学家对于字母 M 有着不同的解读：它代表的有可能是膜（membrane），可能是神秘（mystery），也可能是混乱（muddle），仁者见仁，智者见

M 理论

弦本质上是线。但在多维空间中，它是几何形状的极限状态，比如薄片以及其他多维形状。这种普遍的理论被称作 M 理论。“M”代表的不是某一个词，它可能是膜或者神秘。穿过空间的粒子会划出一条线。如果点状的粒子沾上了墨汁，那么它勾勒出的就是一条直线轨迹，我们称之为世界线。如果是一条闭环的弦勾，那么它勾勒出的就是一个圆柱体，我们称之为世界面。在世界面相互交叉的地方，以及弦断开又重新连接的地方，会发生相互作用。因此，弦理论实质上是对十一维空间内所有世界面的形状进行的研究。

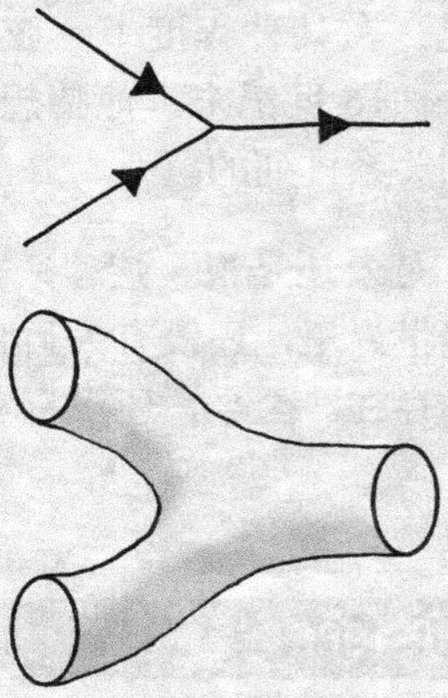

“我不喜欢他们不作任何的计算；我不喜欢他们从不去验证自己的观点；我不喜欢对于任何与实验不符的事情，他们总是编造理由，用一套固定的说辞：‘好吧，它仍然可能是对的。’”

——理查德·费曼

智。总体而言，M 理论试图把我们所认识的世界的特性描述为多维空间。于是，数学应用中的各种模型被分成了不同的粒子、力，等等。

M 理论的功用之一就是通过所有这些额外维度，从数学的角度探究诸如大爆炸这样的事件，了解它们是怎么发生的。现代宇宙学把大爆炸看作四维时空的原点，各种方程式始于这一点，因此无法就大爆炸发生前的事情发表任何评论。借助弦理论，数学家能够回溯到大爆炸发生前的世界。例如，有人开始认为我们的宇宙是在能量多维面（膜）相互猛烈撞击时产生的。

然而，并不是所有人都是弦理论的拥趸。数学物理学家罗杰·彭罗斯认为它只会流行一时，并质疑所有额外维度的真实性或必要性。他已经找到了推断大爆炸之前世界的其他途径。在他的新书 *Cycles of Time* 中，他认为我们的宇宙只是宇宙生死循环中的一个阶段。我们的宇宙的终点可能是另一个宇宙的起点。

虽然还没有哪种理论可以在数学框架下对整个宇宙进行描述，但它们都为人们认识宇宙的形成提供了见解。弦理论期待理论的和谐，诸如彭罗斯这样的人则认为量子力学最终将会被取代。不过，要想搞清楚这些，我们还需要时间。

宇宙的和谐

28 人择宇宙学原理

宇宙就是这般模样，因为如果它不是这样，我们就不可能像现在这样观察它。这就是人择宇宙学原理的观点。这一原理备受哲学家推崇，正在向宇宙学界和物理学界连珠炮般地抛出新的问题——为什么我们的宇宙如此适合人类生存?

我们所居住的宇宙似乎非常适合人类生存。外力的大小恰好允许原子的形成，产生化学成分，以及出现生命。我们非常地幸运。如果物理特性有一丝一毫的变化，那么一切都将是另一番模样。不过，我们站在这里观察宇宙并不足为奇，因为人择宇宙学原理告诉我们，我们存在是因为宇宙就是这个样子。如果它不是这个样子，那么我们也不会存在。

幸运箱 人类的存在取决于几个关键的物理特性，其中强核力是至关重要的一个。它的强度恰到好处，使质子与中子连接在一起形成了原子核与原子。如果力量稍轻或稍弱，都不会有原子存在，碳元素也将无法形成，生物学与人类也就不会出现。物理常数值（比如，力的大小或离子的质量）的微小变化将会造成灾难性的后果。

宇宙的构造和几何形状是另一个关键因素。如果宇宙的膨胀率发生了变化，或者暗能量变得更加强大，那么星系与恒星可能无法形成，抑或已经支离破碎。暗能量的大小尤为适中，根据广义相对论，它本应是与之抗衡的万有引力的数倍或几分之一。然而，这两个力大小相当，因此星系结构在数十亿年间都保持着稳定的状态。

大事年表

1904 年

阿尔弗雷德·华莱士探讨人类在宇宙中所处的位置

“从其作品的本质特征来看，宇宙的伟大设计师现在开始以纯粹数学家的身份示人了。”

——詹姆斯·金斯爵士

人类的产生需要时间和许多因素来促成。宇宙的年龄要足够大，这样才能在早期恒星上制造出碳元素；强弱核力的强度必须足够强，这样才能产生更多的核物理特性与核化特性；恒星要“长寿”，否则行星就无法形成；行星的体积要足够大，这样我们才能知道自己生活在一个美丽、平凡、气候宜人的行星上，在这颗行星上有水分子、氮分子、氧分子以及生命所需的所有其他分子。

需求的等级 随着天文学家对宇宙的了解不断加深，关键因素的数量也呈上升之势。20 世纪 50 年代末期，罗伯特·迪克与布兰登·卡特把人择原理从哲学范畴引入到物理学和宇宙学领域。根据最简单的推理，如果物理学参数并非如此，那么人类将不会出现。因此，人类的存在限定了宇宙适宜居住的特性。人择原理强调，生命是宇宙存在的必然结果。例如，必须有观测者（即人类）存在才能把量子化的宇宙具体化，否则宇宙产生的概率极小。在另一种说法中，约翰·巴罗与弗兰克·蒂普勒提出，信息处理是宇宙的基本目标，因此宇宙的存在必定要产生可以进行信息处理的生命。

谈及我们的地球，人择原理就不难理解了：地球之外有数十亿颗恒星，我们恰巧生活在一颗普通的恒星附近，它又正值生命周期的中段。如果我们生活在另外一颗行星上，情况也是大同小异。或许，还有适合

1957 年

罗伯特·迪克提出宇宙受生物因素的约束

1973 年

布兰登·卡特讨论了人择原理

人择气泡

如果在我们的宇宙周围有许多平行的或呈气泡结构的其他宇宙，那么我们就不必面临人择难题了。每个气泡宇宙可能会有极小的物理参数差异。这些参数控制着各个宇宙的发展，并且决定了它们是否具有能够孕育生命的适宜环境。据我们所知，生命是挑剔的，只会选择少数几个宇宙作为栖息之所。然而，由于气泡宇宙数量众多，这只是其中一种可能性，因此我们的存在也就不那么突兀了。

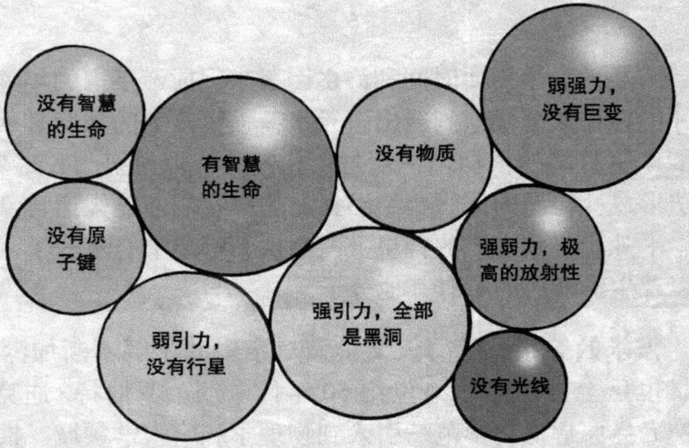

人类生存或孕育着特有生命的其他星球。我们的行星尽管舒适宜人，但可能并非是独一无二的。然而，很难想象具有不同物理学法则的宇宙是什么样子的。

平行宇宙 物理学家已经能够从理论上描述物理特性迥异的宇宙。通常，这被看作一种数学上的描述，表现出的是某些特定属性的概率，而非真正的实体。平行宇宙或多元宇宙之类的理论越来越受推崇。一些物理学家认为它们可能是宇宙的“真实”特性，存在于隐藏的维度之中。他们希望，有朝一日可以设计出一些实验，去证明它们的存在。

顺其自然 人择原理也招致了不少非议。一些人认为它缺乏新意，只是老生常谈——它之所以是这个样子，是因为它就是这个样子。另外一些人认为，我们没有能力去探寻其他的宇宙，只有一个宇宙可用来实验。因此，不可能知道是否存在其他切实可行的选择。

“物理学和宇宙学的所有量的观测值不是同等可能的，它们偏爱的数值使得出现了碳基生命得以进化的地域，又让宇宙足够年老以便做到这一点。”

——约翰·巴罗和弗兰克·蒂普勒

M 理论和弦理论为深入研究数学上的概率问题提供了方法。这些理论能够延伸至大爆炸之前的世界，所以这些理论的支持者能够为物理特性寻找更加可靠的答案。宇宙可以自动找到某些特性组合，因为它遵从简单的法则，比如，无论人类存在与否都将能量降至最低。

人类出现在地球上的概率有多大？虽然宇宙学家对此没有达成共识，但宇宙如此适合人类生存确实让我们感到很幸运。宇宙创造出生命所需的化学特性需要一些时间，这不难理解，但人类恰好生活在宇宙史上的特定时期——暗能量相对温和并与引力相抵，这就远非幸运那么简单了。一定有一些规则人类还尚未发现。

井井有条的宇宙

第四部分

星系

29 哈勃星系序列

星系分为椭圆星系和旋涡星系两种。天文学家一直怀疑二者之间的异同，比如中部均有核球以及存在或缺乏由恒星构成的扁平的盘，代表了某种演化的趋势。从宇宙深处获取的影像表明，星系之间的碰撞可能是形成这种“哈勃序列”的原因。

在20世纪20年代，人们将散布在天空中的模糊星云重新认定为是银河系之外的星系后，天文学家便尝试着对它们进行分类。星系有两种基本类型，一种外形平坦，呈椭圆状，另一种则具有旋涡结构。这两种类型分别被称为椭圆星系与旋涡星系。

美国人埃德温·哈勃，这位首先确认星云实际上是位于银河系之外很遥远的地方的天文学家，进而提出各种星系构成了一种序列，并相应地对它们进行了命名。他的这种分类沿用至今。字母E加一个数字（0至7）代表椭圆星系。椭圆越扁，数字越大。E0星系接近圆形，E7星系接近雪茄形。在三维空间中，椭圆星系形似橄榄球。

在哈勃的分类中，旋涡星系的符号由大写字母S和一个小写字母（a、b或c）组成，小写字母由旋臂的紧密程度决定。Sa星系的旋臂紧卷，Sc星系的旋臂松弛。在三维空间中，旋涡星系呈扁平状，形似一个实心的飞盘或者透镜。不过，有一种复杂的情况：一些旋涡星系的内部具有长条的“棒”。这样的星系被称作棒旋星系，命名方式与旋涡星系

大事年表

1920年

宇宙大辩论的争论焦点在于星云是否处于银河系之外

1926年

哈勃音叉图

相同，但在符号表示中，以 SB 代替 S。不符合以上两种分类的星系包括形状不规则的星系（被称作不规则星系），以及一些介于椭圆星系与旋涡星系之间的星系，它们的分类为 S0。

哈勃的音叉 如果仔细观察，你会发现两类星系在结构上有相似之处。旋涡星系由两部分组成，像一个荷包蛋：中间的核球（蛋黄）看上去很像一个椭圆星系，围在其四周的是扁平的盘（蛋清）。核球相对于盘的大小是进行星系分类的另一个依据。哈勃猜想，从核球较大的星系（包括椭圆星系）到几乎全部是盘的星系，似乎形成了某种序列。有时候，前者被称为“早型”星系，而后者被称为“后型”星系。哈勃认为这些相似性意味着星系可能从一种类型演化为了另一种类型。

哈勃把星系的分类排成一个音叉形的图。在音叉的手柄部分，他从左至右画出了一个椭圆星系序列，从圆形到瘦长形依次排列。然后沿着上方的音叉尖齿，是旋涡星系序列，从具有紧卷的旋臂、大大的核球的

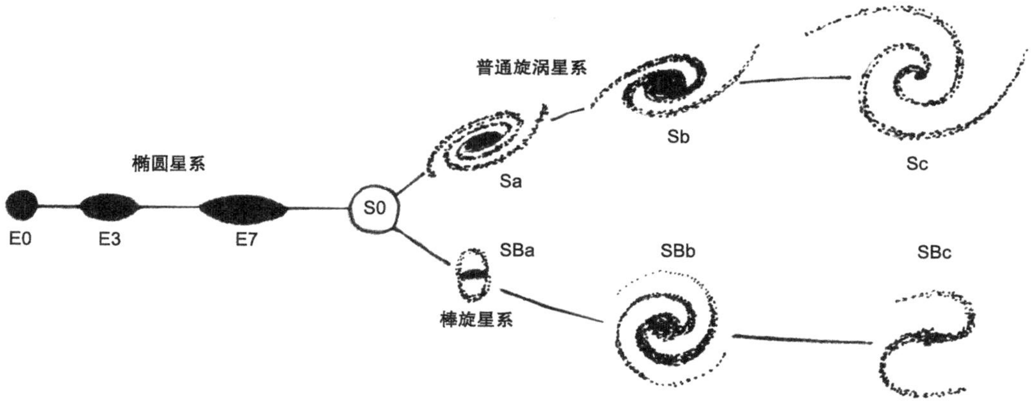

1975 年
薇拉·鲁宾在旋涡星系中发现了暗物质

1995 年
哈勃深场

小小的盘，到带有松弛的旋臂、几乎没有任何核球的大大的盘。沿着下方的尖齿摆放的则是棒旋星系。在这幅著名的音叉图中，哈勃表达了一个影响深远的想法：椭圆星系有可能发展成为盘状星系，并且有朝一日变为旋涡星系。不过，他没有证据可以证明这样的事情确实发生过。从那以后，许多研究人员耗费了毕生的心血来研究星系如何进行演化。

并合 星系使自己发生剧变的一种方式是碰撞。在借助望远镜绘制天体图的过程中，天文学家已经发现了许多对关系紧密的星系；显然，它们相互影响。最戏剧性的例子莫过于被称作“触须星系”的两个星系，由于受到彼此的引力作用，双方的恒星如蝌蚪的长尾般被拽了出来。在其他例子中，一个星系直接从它的同伴中间穿过，冲出一个大洞，在周围形成一圈气体云。接踵而至的局部纷乱通常会让星系更加明亮，在此期间，新的恒星会在混乱的气体云中诞生。这些年幼的蓝色恒星可能会被宇宙中的尘埃遮挡，因此那些区域显出红色，这与灰尘令落日时红霞满天的道理相同。星系的并合有时可是蔚为壮观。

然而，星系并合的细节仍然有待探索。要想摧毁一个星系的大盘，留下裸露的椭圆形核球，需要一次灾难性的碰撞；而想要一个星系逐步形成可观的盘也需要连续不断的积聚。天文学家观测到的处于这两种状态之间的星系还很少，因此星系通过并合发生改变的真实情况可能会十分复杂。

星系的组成成分 星系内有数百万乃至数万亿颗恒星。位于椭圆星系和旋涡星系核球处的恒星大都年龄偏大、颜色发红，它们在无序倾斜的轨道上运行，形成了星系肿胀的椭圆形外观。而在旋涡星系的盘上的主要是年幼的蓝色恒星，它们集中在旋臂上。旋臂经过盘中的气体云时，会在后者中触发恒星的形成。旋涡星系的盘上含有大量气体，特别是氢气；而在椭圆星系内几乎没有气体，因此很少形成新的恒星。

暗物质（参见第 18 章）也是在星系的盘上发现的。旋涡星系的外围旋转速度很快，仅依靠恒星与气体的质量无法解释其中的原因，这表

“在最后一道黯淡的地平线上，我们在观测的飘忽不定的误差中试图寻找较之没有明晰多少的路标。但寻找仍将继续。这种渴望比人类历史还悠久，它不会被满足，也无法被压制。”

——埃德温·哈勃

明还有其他形式的物质存在。那些额外的材料是不可见的——既无能量辐射，也没有光芒——因此被称作暗物质。暗物质可能是以奇特的粒子形式存在的，这种粒子几乎不发生相互作用，所以不容易发现；它也可能是一些结构紧密的高质量物体，比如黑洞、未被点燃的恒星或气体行星。暗物质在星系的周围形成了一个球状的包裹层，称为“暗物质晕”。

哈勃深场 这几种基本类型的星系遍布整个宇宙。至今为止拍摄到的最远天体图像是一张名为“哈勃深场”的照片。[①] 1995 年，哈勃太空望远镜对一小块区域（宽度 2.5 弧分）进行了连续十天的观测。这个轨道观测站“目光”敏锐，它的观察深度远远超过安装在地面上的其他望远镜。因此，一系列遥远的星系映入了天文学家的眼帘。由于光线穿过广阔的宇宙空间到达地球需要耗费一定的时间，这些星系展现的是它们数十亿年前的景象。

天文学家特意选了没有银河系内恒星干扰的观测区域，所以画面中的将近三千个天体几乎全部是遥远的星系。绝大多数为椭圆星系和旋涡星系，这表明这两种星系形成已久。但不规则星系和体积较小的蓝星系在宇宙深处的数量要多于在我们附近的数量。此外，恒星在 80 亿年至 100 亿年前的形成速度是目前形成速度的十倍。以上两个特征表明，频繁的碰撞是星系在早期宇宙快速增多的原因。

① 哈勃太空望远镜先后又在 2004 年和 2012 年拍摄了哈勃超深场和哈勃极深场。

——编者注

星系变形金刚

30 星系团

星系聚集形成了星系团。星系团是宇宙中受引力束缚的最大天体。随着成千上万个星系大量积聚，星系团也汇集了一些超热气体与暗物质，它们分布在各星系之间。

18世纪，天文学家认识到星云并不是平均分布的。与恒星一样，它们通常聚集成群或聚集成团。法国人夏尔·梅西耶是最早观测到最亮星云并把它们编录在表的天文学家。这些星云中包括我们知道的一些星系、类似行星的分散的星云、恒星团以及球状星团。1774年，梅西耶第一个版本的天体列表发布在了法国科学院的期刊上，仅涵盖了45个最显眼的模糊图像；1781年发表的版本则罗列了一百余个天体。天文学家至今仍然使用字母M加编号的方式来命名梅西耶天体，例如，仙女星系被称作M31。梅西耶星云星团表中包括了一些在其分类中得到了最细致研究的天体。

19世纪80年代编纂并出版了一份更加翔实的深空天体列表，即星云星团新总表（NGC）。约翰·德雷尔在表中列出了约八千个天体，有将近三分之一是源于威廉·赫歇尔的观测。从明亮的星云到松散的恒星团，不同的天体种类在各方面都差异显著。随着摄影技术的出现，人们得以发现更多的天体。于是1905年，该列表得以扩编，增加了两份续表，包括了五千多个天体。依据各自所属的总表或续表，这些天体还被以NGC或IC命名。例如，仙女星系又被称为NGC224。

大事年表

1781年

梅西耶发现了室女星系团

1924年

哈勃测量出了仙女星系与地球之间的距离

夏尔·梅西耶（1730—1817）

梅西耶出生在法国洛林地区的一个大家庭里。1744年，在看到一颗蔚为壮观的六尾彗星划过天际之后，他便对天文学产生了兴趣。1748年，他在家乡目睹了日食，之后对天文学的兴趣更加浓厚了。1751年，他加入海军，成了一位天文学者，仔细记录天文观测的结果，包括1753年出现的水星凌日现象。他得到了欧洲各学术机构的广泛认可，并于1770年成为了法国科学院的院士。梅西耶制作出了著名的星团星云表，这在某种程度上帮助了今天的彗星猎手们。他共发现了13颗彗星。在月球上，有一个以梅西耶的名字命名的陨石坑。另外，还有一颗小行星也是以他的名字命名的。

本星系群 20世纪20年代，天文学家发现许多星云是距离银河系遥远的星系。利用宇宙距离尺度技术，如利用造父变星和红移现象，能够估算出这些星系的距离。例如，仙女星系距离我们250万光年。不久后人们发现，仙女星系与银河系隶属于一个由约30个星系组成的星系群，它们是其中最为庞大的两个成员。这个星系群被称作本星系群。

仙女星系与银河系在体积和特性方面均极为相似。尽管我们只是在它的一侧以倾斜45度角观察它，但仙女星系仍然是一个巨大的旋涡星系。本星系群中其他的星系体积都要小得多。距离我们最近的两个邻居分别是大麦哲伦云和小麦哲伦云，距离我们约16万光年。向靠近银河的南部天空看去，大小麦哲伦云只有拇指般大小。它们的名字源于探险家斐迪南·麦哲伦。16世纪，麦哲伦在完成环球航行后，带回了这两个星云的观测记录。麦哲伦云是不规则的矮星系，大小只有银河系的十分之一。

1933年
弗里茨·兹威基测量出了后发星系团中的暗物质

1966年
在室女座系团中探测到了X射线

“我们是谁？我们发现自己居住在一颗毫不起眼的行星上，它围绕着一颗平淡无奇的恒星公转，这颗恒星湮没在一个星系之中，而这个星系隐匿在宇宙某个被遗忘的角落。宇宙中星系的数量远多于我们人类的数量。”

——卡尔·萨根

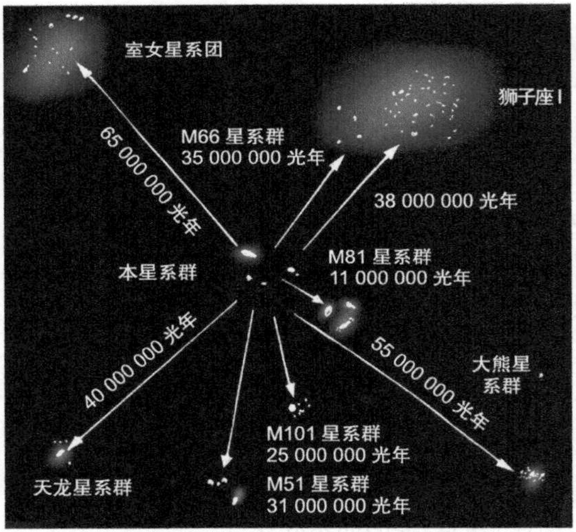

室女星系团 本星系群只是众多星系聚合体中的一个。室女星系团更“高产”，囊括了数千个星系。其中，有16个星系的亮度很高，因此它们作为一个整体被收录在了1781年版的梅西耶目录中。室女星系团是距离地球最近的巨大星系团，距离约为6500万光年。其他一些面积较大的星系团，比如后发星系团以及天炉星系团，均因位于其中的星座而得名。事实上，室女星系团与本星系群同处于一个更大的集团之内，这个集团被称作本超星系团。

星系团受引力的束缚而聚集成一团。同恒星在星系中公转一样，星系同样围绕星系团的质量中心运动。典型的巨大星系团的质量是太阳的10^{15}（一千万亿）倍。而且，由于在很小的空间内挤入了太多的物质，时空自身发生了弯曲。这就好比一块橡胶板，上面的星系质量过高，于是在板上留下了一个坑。然而，并非只有星系会落入其中，气体同样会在时空坑中积聚。

星团内介质 星系团内充满了高温气体。由于温度太高（达数百万摄氏度），这团气体燃烧会产生强光，辐射出卫星可以探测到的X射线。这种高温气体被称作星团内介质。暗物质也以类似的方式在星系团的重力井中积聚。天文学家希望在单个星系以外的全新环境中对暗物质

“意象不仅仅是一个意念。意象是相互交融的意念漩涡或者集合，充满了能量。”

——埃兹拉·庞德

进行观察，因此正在星系团内寻找不寻常的信号，这种信号也许有助于他们弄清楚暗物质的构成。例如，有一个研究团队宣称已经在某个特殊的星系团中发现了一种超速行驶的暗物质“弹头”，它正以与周围的炽热气体不同的方式运动。然而，暗物质的起源仍然是个谜。由于星系团的质量过高，它们也能够使位居其后的星系发出的光线发生偏转。当光线经过时，它们就像巨大的、颗粒状的“引力透镜”，使光线发生弯曲，从而将远方的星系变成曲线和模糊的图像。

我们可以将星系团想象成宇宙中的垃圾堆，由于它们的体型过于庞大，万物都会坠入其中。因此，在宇宙考古学家眼中，它们是一个神奇的地方。而且，作为受引力束缚的最大天体，它们应该包含一定比例的普通物质和暗物质，这些物质是整个宇宙的代表。如果我们能够对所有的星系团进行统计和称量的话，那么得出的结果就接近宇宙的总质量。另外，如果可以搜寻到每个可能正在形成的可见星系团，我们就能够追踪它们的成长历程，继而弄清楚宇宙结构自大爆炸之后的演变过程。

后发星系团

万物在此汇聚

31 大尺度结构

星系在宇宙中呈泡沫状结构分布。星系团位于纤维状结构与片状结构的交汇处，环绕着被称作空洞的真空区域。这种宇宙网是数十亿年来引力作用的结果。自星系诞生之日起，引力便牵引着星系相互靠近。

到了20世纪80年代，天文学家的观测仪器已经十分先进。通过将多个星系的光线特征记录为多重光谱，他们能够同时测量出这些星系的红移值。来自哈佛天体物理中心（CfA）的一组天文学家决定系统地收集数百个星系的红移数据，从而在三维空间中重建它们的位置。根据收集到的结果，他们进行了被称作“CfA红移巡天”的观测项目，揭示了宇宙全新的一面。

从本星系群到最近的星系团，再到我们处于其边缘的超星系团，天文学家绘制出了一张银河系的邻里关系图。随着观测的深入，他们进行了进一步的探索。1985年，天文学家已经收集到1000多个红移值，最远的位于7亿光年以外的地方。到1995年，在北方天空的一大片区域内，巡天项目已经获得了18 000多个较明亮星系的红移数据。

宇宙泡沫 第一张邻里关系图让人们大吃一惊。该图显示，即使在这些大尺度结构下，宇宙也不是混乱无序的。星系并非平均分布，而是似乎依附于某些不可见的纤维状结构上，在一些泡泡的表面呈弧形排列，这些泡泡围拢在名为空洞的真空区域四周。这种泡沫状结构名为“宇宙网”。在纤维状结构重叠的区域形成了星系团。巡天过程中发现的

大事年表

1977年
CfA红移巡天项目启动

1985年
发现了星系巨壁

“要想构建一种有关宇宙的创造的学说，就必须考虑宇宙的年龄以及宇宙历史的演化特性。”

——约翰·鲍金霍恩

最大结构为“巨壁”——一系列星系集中在长、宽、高分别为6亿光年、2.5亿光年和0.3亿光年的巨大区域内。深埋在这个条状区域内的大多数天体都是星系团，包括著名的后发星系团，它是银河系附近最庞大的星系团之一。

自第一次巡天起，技术就在不断进步，红移值的收集工作也变得日益简单。在天文学家的尝试和努力下，如今已经绘制出了几乎整个天际中的数百万个星系。规模最大的一个项目当属斯隆数字化巡天，它利用新墨西哥州阿帕奇山顶天文台专用的2.5米口径的望远镜进行年复一年的高密度观测。始于2000年的巡天项目希望在25%以上的天域拍摄到1亿个天体的图像，并得到其中100万个天体的红移值。为了实现这个目标，天文学家在金属板上钻出小孔，并在小孔后面接上光纤，这样一来望远镜能够同时拍摄到640个光谱。每一小片天空都拥有一块为其“度身定做”的金属板，巡天项目每晚最多用到9块金属板。

星系的差异 斯隆巡天项目为我们提供了一张崭新的宇宙星系结构图。在每个测量尺度下，星系均遵从类似的网状模型。由于该巡天项目既收集光谱数据，又收集图像，天文学家能够分辨不同类型的星系。椭圆星系相对偏红，而且它们的光谱与古老恒星发射出的光线近似；旋涡星系偏蓝，它们的光谱表明在其存有大量气体的盘状结构中，年轻的恒星正在形成。

斯隆巡天项目显示，不同类型的星系以不同的方式聚集。椭圆星系喜欢群集在星系团以及宇宙空间中的拥挤区域内。漩涡星系分布较广，

2000年
斯隆数字巡天项目启动

2015年
大型综合巡天望远镜上线

喜欢远离致密的星系团中心。尽管根据定义来看，空洞几乎是真空的，但它们也能够容纳少许的星系，这些星系通常为旋涡星系。这种差异表明星系对于它们所处的环境是了解的。

类星体吸收线 尽管“光彩熠熠”的星系易于追踪，但很少有人知道暗物质和气体空间是如何在宇宙空间中分布的。气云吸收其后方天体散发出的光线后，人们能够藉此发现它们的踪影。类星体的亮度较高，而且已发现的类星体一般都距离我们十分遥远，因此它们成为搜寻工作的天然灯塔。由于氢气吸收太阳光并产生夫琅和费谱线（参见第 7 章），在类星体的光谱中留下了可辨认的标识，所以通过氢气云产生的吸收线，就能够找到它们的位置。气云中其他的微量元素同样能够测得，尽管那些吸收线通常比较微弱且不易辨别。

最强大的氢元素吸收线出现在光谱的紫外区（波长为 121.6 纳米），当它发生红移时，其波长看上去会变长。这种吸收线被称作莱曼 α 吸收线。自大爆炸以后，富含氢元素的气云几乎没有受到任何污染。由于它产生这种吸收线，有时候也被称为莱曼 α 团块。如果在类星体光源前存在大量的气云，那么每个气云均会在光谱中产生一段空当，空当位置的波长与各自的红移值相对应。随之在类星体辐射出的紫外线上形成一系列暗线，这被称作“莱曼 α 森林”。

一旦探测到众多背景类星体的吸收线，便能够估算出氢云在它们前方的分布情况。总体而言，天文学家发现气体同样严格遵从星系的结构。人类对暗物质知之甚少，因为它不与光线发生任何相互作用，所以无法

未来的巡天项目

下一阶段的巡天项目希望为整个天空拍摄连续的彩色图像，就如同拍摄一部电影。大型综合巡天望远镜配有一个直径 8.4 米的主镜以及一台 30 亿像素的数码相机。这台在建的望远镜位于智利。一次曝光覆盖的面积是月球面积的 49 倍。从 2015 年起，它三天一次拍摄出天空的图像。这台望远镜将用于探究暗物质与暗能量的秘密，并搜寻正在改变或移动的天体，例如超新星与小行星。

借助光或者吸收线观测到它。然而，天文学家怀疑它同样偏爱星系聚集之所。

> “小说就像一张蜘蛛网。也许只是极其轻微地黏附着，然而它还是四只脚都黏附在生活上。通常这种依附不易被察觉。”
>
> ——弗吉尼亚·伍尔夫

引力的吸引 宇宙网终究是由引力效应造成的，自星系形成之日起引力就对它们施加了作用。大爆炸后，注入的原始氢原子消耗殆尽，早期宇宙中产生了恒星和星系。继而，随着时间的推移，星系聚拢，发展出纤维状结构、星系团以及星系巨壁。

天文学家大体上知道在40万年前物质是如何分布的，因为那是辐射出宇宙微波背景的时期。其中的热斑点与冷斑点表明，那时的宇宙凹凸不平，红移巡天项目表明宇宙在当今以及在不远的过去都是粗糙的。于是，天文学家尝试把这两个瞬间联系在一起，就好像在试着分析一个婴儿如何成长为一个老年人，他们计算了宇宙从婴幼儿阶段发展成熟的过程。

宇宙泡沫的确切形状与宇宙学理论中的众多参数息息相关。通过改变参数值，天文学家能够限制宇宙的几何图形、其中的物质数量以及暗物质与暗能量的特性。为了实现这一点，他们进行了大量计算机模拟计算，输入所有数据（星系、气体以及暗物质），然后开动计算机对参数值进行估算。

然而，要得到答案并不简单。暗物质的特性至关紧要，但我们并不了解这种物质。把“冷”暗物质（移动缓慢且难以捕捉的粒子）考虑在内的模型预计，大尺度的聚集会比观测结果更加强烈。如果暗物质粒子快速移动，即“温度很高”或者“温度较高”，那么它们就会抹掉比观测到的还要多的精细尺度结构。因此，星系聚集数据表明暗物质处于两者之间的某个地方。同理，过多的暗物质会抵消引力的作用，使星系的积聚变慢。最好的宇宙是一个处于折中状态的宇宙。

宇宙网

32 射电天文学

无线电波在狂暴的宇宙中打开了一扇崭新的窗。它产生于恒星爆炸和黑洞喷流，在强磁场中对快速移动的粒子进行检视。最极端的例子当属射电星系，在这种星系中，一对气体喷流为气泡状的瓣结构提供的能量远高于为星系内的恒星提供的能量。射电星系的分布也是宇宙大爆炸模型的佐证。

宇宙微波背景辐射并不是人类在试图解释无线电接收装置收到的静电噪音过程中的唯一收获（见第 15 章）。20 世纪 30 年代，美国贝尔电话实验室的工程师卡尔·央斯基正在对干扰跨大西洋短波音频传输的噪音进行深入研究。他发现每 24 小时就会有一种信号插入到越洋通话当中。起初，他怀疑可能是太阳在作祟，因为其他科学家，包括尼古拉·特斯拉和马克斯·普朗克在内，均已经作出预测，认为太阳会辐射出恰好覆盖整个波谱范围的电磁波。然而随着进一步收听，他发现噪音并不是从太阳那个方向传来的。而且，时间间隔也略微短于 24 小时，该间隔与从旋转的地球观看到的天空每日的更迭相吻合。这意味着噪音的源头在天空中。

1933 年，央斯基计算出静电噪音来自银河系，主要源头位于银河系中心的人马座。噪音并非来自太阳的影响，这表明它肯定不是在恒星中产生的，而是产生自星际的气体与尘埃。央斯基虽然并非天文学界中人，但他被誉为射电天文学之父。射电亮度的单位（射电流量密度）也是以他的名字央斯基（Jy）命名的。

大事年表

1933 年
央斯基探测到了银河系中的无线电波

1937 年
雷伯建造了首架射电望远镜

射电天文学的另一位先驱是格罗特·雷伯，他是美国伊利诺伊州芝加哥市的业余无线电发烧友。1937年，他在自己家的后院建立了第一台无线电望远镜。当时，他建造了一个直径9米多的抛物面反射镜，在距离镜面约6米高的焦点位置固定了一个无线电探测器。这台无线电接收器可以把宇宙无线电波放大数百万倍。然后，这些放大后的电子信号会传输到一台笔式绘图仪上，以图表的形式记录下来。

“新的射电源自银河系的中心……没有星际信号的证据。”

——《纽约时报》，1933年

射电望远镜 尽管如今的射电望远镜不受日光的影响，白天也能够工作，但为了避免汽车发动机产生的火花造成干扰，雷伯当时是在夜间进行观测的。20世纪40年代，他利用无线电波进行巡天。他先把天空的亮度绘制在一张波状图上，又勾勒出了银河系的形状，包括源自星系中央的最明亮的射线。他还探测了另外几个亮度较高的宇宙射电源，比如，天鹅座和仙后座内的射电源。直到1942年，英国军方的研究人员J.S. Hey才探测到了来自太阳的无线电波。

虽然射电天文学起步于第二次世界大战之后，但随着世界各国争先恐后地构建各自的雷达系统，这项技术取得了突飞猛进的发展。雷达（Radar）是无线电探测与测距（Radio Detection And Ranging）的简称，这项技术出现之后，许多电子设备也随之产生。正是有了这些设备，我们今天才可以使用大量的技术。

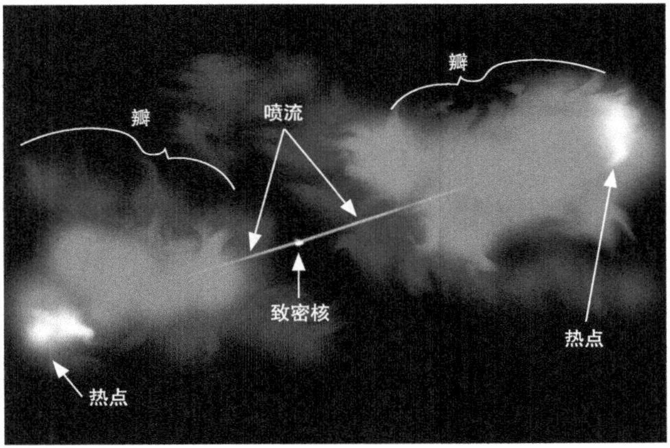

1953年

天鹅座A被证明是双射电源

1959年

第3剑桥射电源表出版

宇宙噪音

如果你有一台小型收音机，便能够探测到来自银河系的噪音。把频率调到任何一个远离广播电台所用频率的位置，你就可以听到静电噪音了。然后，把收音机的天线摆来摆去，你会发现噪音变大并且变得柔和了。噪音增加是因为收音机接收到了来自银河系的无线电波。

巡天 20世纪50年代初，英国和澳大利亚的物理学家利用射电干涉测量技术开展了射电巡天项目。雷伯的望远镜只使用了一个圆盘和一个探测器，类似于光学反射望远镜的镜面。而射电干涉仪则使用了很多个探测器，而且它们间隔很远。这相当于使用了一个巨大的镜面，但是，这比单纯使用一个体积庞大的圆盘更精确，天文学家综合众多探测器发回的信号，能够绘制出更加详细的天空区域图。这一装置是进行天文观测的不二之选。

利用射电干涉测量技术，英国物理学家安东尼·休伊什与马丁·赖尔在剑桥开始了一系列巡天活动。他们借助159MHz的频率在北方的天空中搜寻最明亮的射电源。继先前的两版射电源表之后，他们得出了第3剑桥射电源表（简称3C），并于1959年出版。这是第一份具有较高质量的星表。早期的版本受到了校准问题的影响，而且准确性也与澳大利亚天文学家得出的结果有所出入，当时澳大利亚的天文学家对南方的天空进行了类似的巡天活动。在1954年至1957年之间，伯纳德·米尔斯、埃里克·希尔与布鲁斯·斯理利用位于新南威尔士州的米尔斯十字望远镜记录下了2000多个射电源，并公之于众。3C出版以后，消除了研究人员之间的分歧，南北半球的科学家都可以开展对射电天文学的研究工作了。

另一个问题是射电源的自然属性。人们对光谱进行了探寻，然而，当时只是粗略地了解射电源的位置，很难确定哪一颗恒星或哪一个星系起着关键性的作用。最终，射电源的神秘面纱终于被揭开了。除了银河系中心以外，其他最明亮的射电源是银河系中罕见的天体。例如，仙后座A源与蟹状星云同属超新星的遗骸，是垂死的恒星发生爆炸时喷射出的气体，在后者的中心还有一颗脉冲星。

射电星系 另外一些射电源更加极端。天鹅座中的明亮射电源（又称为天鹅座 A）是一个遥远的星系，于 1939 年由雷伯发现。1953 年时，它被认定为两个射电源，而非一个。许多射电辐射星系都具有这种双射电源特征。在星系的两侧带有两个分散的“瓣”，它们是星系中央发出的高能量微小粒子喷流膨胀所产生的巨大泡沫。瓣的对称性（它们等距且大小和形状类似）表明它们由同一个“引擎”补给燃料。人们认为“引擎”是隐藏在射电星系中心的黑洞。当物质被吸入黑洞时，会被肢解为构成自身成分的粒子，然后被喷流以接近光速的速度喷出。由于粒子与强磁场相互作用产生“同步加速辐射”，无线电波应运而生。空间中的大多数无线电波都源于粒子与磁场的相互作用，在注入银河系与星系团中的高热、四散的气体中，在喷流中或在高致密性天体如黑洞附近，磁场会变强。银河系的中心同样存在着一个黑洞。

“大爆炸是一个不能用任何科学术语进行描述的非理性过程……观测的呼声也无法对其造成挑战。”

——弗雷德·霍伊尔

赖尔与霍伊尔之争 经证明，射电源在宇宙中的数量对于大爆炸理论而言至关重要。剑桥大学射电天文学小组咄咄逼人的组长赖尔，公然对富有个人魅力的天文学家弗雷德·霍伊尔提出了质疑。霍伊尔来自与剑桥只有一街之隔的天文学院，当时正致力于核合成过程、恒星中元素的形成以及大爆炸方面的研究。在宇宙微波背景辐射发现之前，大爆炸模型是不被人们接受的。事实上，“大爆炸”一词正是霍伊尔创造出来以示讽刺的。他更青睐宇宙“恒稳态”模型，主张宇宙没有起点，始终存在。因此，他认为星系将会在空间中随意分散，无限延伸。

然而，赖尔已经找到了证据，证明了射电源分布的方式并不完全相同。他发现在无序分布的射电源中，亮度适中的射电源比预计的多。因此他提出宇宙必定是有限的，大爆炸模型是正确的。尽管两位伟大的天文学家一直争论不休，但宇宙微波背景辐射的发现证明了赖尔的观点是正确的。时至今日，由于历史上的这一恩怨，这两个研究小组仍然势同水火。

射电风景

33 类星体

类星体是宇宙中最遥远、最明亮的天体。它们极高的亮度是物质坠向星系中心的黑洞所致。由于其几何形状的关系，从不同的方向观察类星体，外观会大相径庭，看上去就像是带有狭窄发射谱线的不同寻常的“活动星系”。可能所有的星系均经历过类星体阶段，这个阶段在它们的形成过程中发挥着举足轻重的作用。

20 世纪 60 年代，一种古怪的恒星令天文学家困惑不已。它们有着罕见的光谱，其中显示出明亮的发射谱线，但这些谱线并不在已知元素的波长位置上。这究竟是什么天体呢？1965 年，荷兰天文学家马丁·施密特认识到这种谱线与普通元素并不对应，它们虽然包括氢元素的特征序列，但发生了严重的红移。

红移现象表明，这些“恒星”所在的位置非常遥远，已经远离了银河系，位于其他星系的疆域里。然而，它们看上去并不像模糊的星系，而是点光源。而且，根据其红移现象所体现出的距离来看，它们的亮度显然过高。不可思议的是某颗看似属于银河系的恒星，事实上完全位于本超星系团之外。究竟是“何方神圣”能够为此提供能量呢？

类星体 天文学家认识到，释放出足够的能量来支持这些银河系外天体（又称为“类似星球的天体”或 QSO）的唯一途径是借助极端的引力作用，即处于黑洞附近。物质在落向某星系中心的黑洞时，经摩擦温度会升高并辐射出光线，这可以解释 QSO 的亮度问题。中心点的强光会

大事年表

1965 年

施密特识别出了类星体

1979 年

首次观察到了由引力透镜效应“制造”出的类星体

“如果汽车具有黑洞这样的燃料效率，那么理论上一加仑天然气足够它们跑上10亿多英里了。”

——克里斯托弗·雷诺兹

让星系中的其他光亮相形见绌，从而令该点从远处看去宛若一颗恒星。一小部分QSO（约占10%）同样会辐射出无线电波，这些QSO被称作“类星射电源”或简称为“类星体”。

随着气体、尘埃甚至恒星盘旋着飞向黑洞，这些物质会在一个被称作“吸积盘”的圆盘处汇集，并遵从开普勒定律。与银河系内的行星一样，在吸积盘内部的物质要比外部的物质旋转得更快。相邻的气壳相互摩擦，升温至数百万摄氏度，并最终开始燃烧。天文学家预计，吸积盘的内部温度较高，因此它们会辐射出X射线；外部温度较低，因此会释放出红外辐射；而可见光则产生于两者之间的区域。

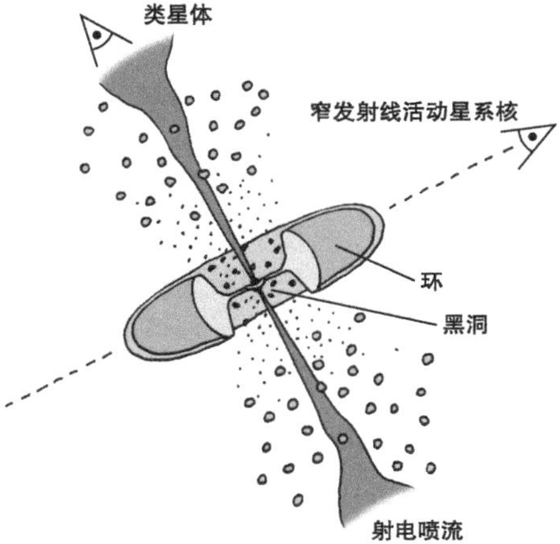

这种温度上的变化导致了大量不同频率的辐射，每个温度都与一个独特的黑体光谱相对应，各光谱具有不同的能量极值。因此，类星体的辐射从远红外线到X射线，跨度之大远超任何恒星。至于射电星系，如果强磁场和粒子喷流同时存在，那么类星体也会表现出射电辐射。有了如此明亮且能量巨大的光源，就会产生类星体的另外一种特有属性——宽的发射谱线。悬浮在吸积盘上方的气云会被照亮，从而

类星体的环境

在椭圆星系和旋涡星系中，均可发现活动星系核的身影。然而，特定的活动星系核青睐特定的环境。能量巨大的射电源往往与大型椭圆星系联系在一起，带有活动星系核的旋涡星系往往是较弱的发射源。活动星系通常出现在星系群和星系团中。科学家根据这一点推测碰撞可能是黑洞变得活跃起来的一个导火索。如果相撞的一方是旋涡星系，那么该星系将会带入气体燃料，继而漏入黑洞之中，使其突然爆发。

发光，形成反应光谱线，从光谱线中可以得出气云的化学成分。气云靠近中央黑洞，移动非常迅速，由于多普勒效应，这些发射谱线会变得很宽阔。类星体中的发射谱线的宽度要比其他类型的星系的发射谱线宽很多，那些谱线通常非常狭窄。

活动星系 有一类带有吸积黑洞的星系被称作活动星系核，即AGN。类星体正是这种星系的极端例子。发射谱线可以预示黑洞的存在。一些独特的发射谱线很难被激发出来，除非是在黑洞附近，那里温度极高，气体高度电离，因此能够激发出发射谱线。只有直接看到距离黑洞最近的区域，我们才可以观察到宽谱线。在其他类型的AGN中，内部区域可能会被呈多纳圈状的浓密气云和尘埃遮挡，因此宽谱线会变得模糊不清。尽管只有窄谱线清晰可见，但是谱线的高电离等级表明了AGN的核心地带存在着黑洞。

这些不同类型的类星体以及其他的活动星系的出现，可能只是因为我们观察的角度不同。在许多星系最粗大的那根轴周围，围绕着一些模糊不清的物质。有时候，这些物质可能表现为尘埃带。因此，如果观察时视线与轴互相垂直，那么这种多余的物质以及任何一个中央尘埃环都可能把黑洞遮挡住。沿着星系最短的轴，也可以更清晰地观察到它的中心区域。因此，观察类星体主要是沿着短轴自上而下地进行，而且AGN侧面没有宽谱线辐射出来。另外，沿着短轴可以很容易地通过外流将物质清除掉，从而令圆锥体打开，让视线变得更清晰。

> “一闪一闪类星体，遥远星空的大谜题；你是那么标新立异，你比太阳亮十亿倍；一闪一闪类星体，我想知道你的秘密。”
>
> ——乔治·伽莫夫

统一模式 有一种观点认为，不同类型 AGN 的出现仅仅是由观测方向导致的，这种观点被称作“统一模式”。对于类星体以及其他与其大尺度结构特性（例如射电亮度或星系亮度）相吻合的活动星系而言，该基本观点是成立的。然而，AGN 有许多不同的类型。AGN 中的黑洞大小不一，其固有亮度可能对其中心的清晰度有着不同程度的影响。弱 AGN 的中心可能比强 AGN 的中心更加隐秘。换言之，中央黑洞活跃时间不久的年幼 AGN 可能比年老的 AGN 更加模糊不清。射电辐射存在与否是另外一个无法解释的因素，一些天文学家认为射电喷流产生自旋转的黑洞或特定类型的星系碰撞，例如两个巨大的椭圆星系之间发生的撞击。

反馈 天文学家逐渐认识到星系中心吸积黑洞的状态影响着星系的发展方式。处于活跃状态时，中心黑洞可以把气体喷射到星系之外的区域，从而没有多少能量形成新的恒星。也许这可以解释为什么椭圆星系内几乎没有气体存在，也几乎没有新的恒星出现。相反，如果 AGN 是在撞击后才开始处于活跃状态的，那么引入任何气体都可以促使恒星快速成型。因此，星系可能会经历一个高度模糊、新恒星层出不穷的阶段。随着 AGN 的运转，它会清除掉浑浊物，驱散外部气体，但如此一来，就会导致黑洞缺乏燃料，也就意味着其运转的终止。这样的循环对于星系的形成可能发挥着举足轻重的作用，其角色类似一个温度自动调节器。如今，天文学家怀疑所有的星系都会经历一个活跃期，历时约为其生命周期的 10%。这带来的“反馈”对于星系以后的属性有着巨大的影响。

星系温度自动调节器

34 X射线背景

X射线的发现预示着极端物理学的出现。太空中的X射线望远镜可以提供运动剧烈的宇宙区域的图像：从邻近的黑洞，到星系团中温度高达百万摄氏度的气体。所有此类物体均会在天空中产生一种微弱的X射线流，即X射线背景。

天文学领域取得的进步通常源于宇宙观测技术的革新。伽利略借助望远镜取得了观测的突破；通过无线接收装置获取宇宙信号，射电天文学家发现了包括黑洞在内的最新的天文奇观。X 射线位于电磁波谱的另一端。射电天文学诞生数十年后，产生了 X 射线天文学。

X 射线产生于极端的宇宙区域，那里温度极高，或有磁场覆盖。这些区域包括星系团、中子星等大量天文学研究的焦点。然而，由于 X 射线的每个光子都承载着非常高的能量，所以很难用望远镜观测到它们。据其在医学上的扫描检查功用可知，X 射线刚好可以穿过人体内的绝大多数组织。如果把它们射向一面镜子，那么它们不会反射回来，反而会像子弹射进墙壁那样嵌入到镜子中去。因此，反射式望远镜无法令 X 射线聚焦，玻璃制的透镜同样无法奏效。控制 X 射线的办法是以狭小的入射余角令它们在镜子上弹开，这样它们就会像乒乓球那样发生偏转，从而达到聚焦的效果。综上所述，利用一系列特殊的曲面偏转镜才能够把 X 射线聚集在一起。通常，曲面偏转镜的表面会镀金，令反射率达到最大。

大事年表

1895 年

伦琴在实验室中发现了 X 射线

宇宙X射线 空间中的X射线也会被大气层吸收。因此，天文学家不得不等到人造卫星时代的来临，才能观测到X射线宇宙。1962年，意大利裔美国人里卡尔多·贾科尼与他率领的小组把一个探测器发射升空，并利用它首次观测到太阳以外的X射线源。这颗被称作天蝎座X-1的X射线源是一颗中子星。一年之后，他们发射了第一个X射线成像望远镜，巧合的是它与1610年伽利略所用的望远镜大小相同。天文学家对太阳黑子进行了粗略的观测，并拍摄了月球的X射线波段图像。

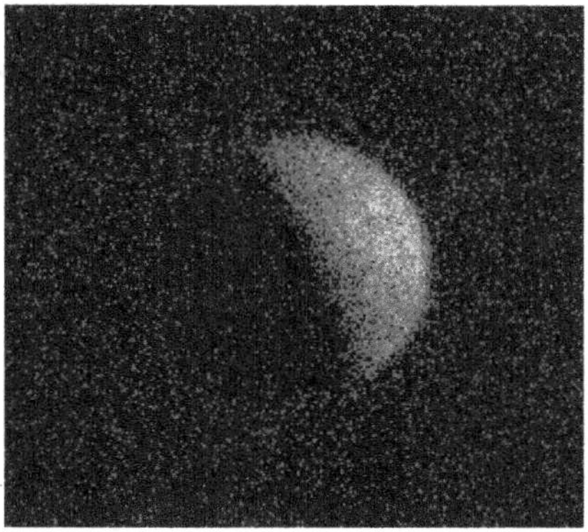

X射线下的夜空比月球黑暗的一侧明亮

月球的照片显现出了与众不同之处。月球自身是局部发光的，看上去一侧黑暗（看到的是月相），一侧明亮（看到的是月球表面反射回来的太阳光）。然而，月球背后的天空并不是昏暗的，它同样是灿烂夺目的。捕捉到X射线十分困难，所以这些图像是基于独立的光子构建出来的——背景天空所展现出的光子数量大于月球黑暗一侧的光子数量，所以前者令后者变得模糊不清。贾科尼发现了X射线背景。

X射线背景 尽管X射线背景与微波背景均产生自宇宙深处，但二者还是有所区别的。前者主要产生自大量独立的恒星和星系，然后又汇聚在一起，这和银河系相同。银河系也由众多的恒星组成，但裸眼看上去却是一条薄雾般的光带。相反，宇宙微波背景是大爆炸遗留下来的辐射产物，弥漫在宇宙空间中，与具体的星系无关。

探索宇宙X射线源的工作耗费了几十年的时间，历经数个深入的

1962年
贾科尼将X射线探测器发射升空

1999年
钱德拉X射线天文台发射升空

钱德拉太空天文台

美国国家航空航天局的钱德拉X射线天文台于1999年发射升空。为了捕捉跳飞的X射线光子，该望远镜没有采用光学望远镜那样的杯状镜面，而是使用了类似炮筒的镜面。四对镜面打磨得极为光滑，表面精度已达到几个原子的程度（把镜面的光滑度与地球比较的话，就如同地球最高峰的高度只有两米左右）。X射线随后会被输送到四个主镜中去，对它们的数量、位置、能量以及到达时间进行测量。

观测任务。最新的测量数据来自美国国家航空航天局的钱德拉天文台。这个天文台具有分解、剖析X射线背景的敏锐“目光”。截至目前，天文学家已经辨析出了八成以上的X射线源，它们共同产生了X射线背景。他们怀疑其余的X射线背景也是以类似的方式形成的，只不过还不能对那些天体进行识别。在贾科尼迈出第一步40年后，人类已经探测到的X射线源超过了10万个，其中最遥远的射线源距离地球130亿光年。

极端物理学 很多天体都会发射出X射线。X射线产生自温度高达数百万摄氏度的气体。这出现在具有高磁场和极大引力效应的区域，或者出现在爆炸中。炽热的气体弥漫在一些巨大的天体（包括星系团）周围，绵延数百亿光年，它们所囊括的物质足以制造出数百万亿颗恒星。黑洞会发射出X射线：类星体与活动星系是非常耀眼的光源，在整个宇宙中都能够被追踪到。因此，在星系的中心存在点式X射线源事实上也是一种信号，表明那个地方有黑洞。

借助钱德拉卫星，天文学家已经为多波长星系研究项目添加了X射线的图像，此项研究还涵盖了哈勃深场以及其他巡天项目的图像。利用X射线标准，他们已经能够在宇宙中追踪到数十亿岁以上的黑洞了。这些研究表明带有吸积黑洞的活动星系在过去十分常见，而且活跃的黑洞在达到顶峰后便开始衰退。这与恒星在过去形成速度更快一样，也许说明了星系碰撞在宇宙形成初期是一种普遍现象。

“起初，它似乎是一种新型的不可见光。它显然是全新的，史无前例的。”

——威廉·伦琴

一些恒星也会释放出 X 射线。当核燃烧减弱为非常致密的形式时，由于受到自身引力的作用，恒星会出现坍缩，例如中子星和白矮星。与坍缩星类似，爆炸的恒星和超新星会产生高能量的发射物。在最极端的情况下，恒星将坍缩为黑洞。在恒星黑洞的事件视界以外 90 千米的距离内，已经探测到了 X 射线。

由于温度较高，年幼的恒星在释放 X 射线方面要比太阳更加强劲。然而，太阳在其外层也会释放出 X 射线，特别是在温度超高、有强磁场穿过的日冕里。在观察恒星湍流、恒星闪耀以及观察这些现象如何随着恒星衰老发生变化等方面，X 射线图像是很有用处的。在银河系内，最强大的 X 射线源是致密的双星系统。双星系统由两颗恒星组成，其中一颗或两颗是坍缩星。致密的恒星通常会从其他恒星那里攫取气体，从而让它们成为非常活跃的系统。

威廉·伦琴（1845—1923）

威廉·伦琴生于德国的下莱茵地区，幼年迁居荷兰。他曾先后在乌德勒支大学和苏黎世大学学习物理学。他曾在许多大学任教，后来在维尔茨堡大学和慕尼黑大学担任教授。伦琴主要致力于热能与电磁学方面的研究，但因 1895 年发现 X 射线而声名鹊起。他的实验是在一片漆黑的环境中完成的，在将电流穿过低压气体的过程中，他观察到表面涂有化学制品的屏幕产生了荧光效应。这些陌生的射线穿透了许多物质，包括他妻子放在感光片前面的手。他把这种射线称为 X 射线，因为当时不知道它们的来源。后经证明，它们是和光类似的电磁波，只不过频率要高得多。

35 特大质量黑洞

黑洞隐匿在大多数星系的中心。特大质量黑洞的质量是太阳的数百万甚至数十亿倍，而体积却和太阳系相仿，它们影响着星系的成长。黑洞的大小与星系核球部分的大小成正比，这表明黑洞是星系的基本组成成分；而且，如果黑洞在星系碰撞时正处于活跃状态，可以让星系经历巨大的能量爆炸。

自20世纪60年代类星体与活动星系核被发现以后，天文学家已经了解到，质量比恒星重数百万甚至数十亿倍的黑洞能够存在于星系的中心位置。在最近的十年间，所有星系均可以成为黑洞的“栖身之所”的事实也已广为人知。大多数情况下，黑洞处于蛰伏状态；而在某些情况下，当有物质漏入其中时，它们会突然爆发，所以有时我们会把它们当做类星体。

辨别星系中心是否存在黑洞有以下几种方法。首先，观察星系核附近恒星的运动状况。太阳系中的各颗行星围绕太阳公转，同理，恒星也以同样的方式围绕星系的质量中心旋转。它们的运行轨道同样符合开普勒定律，因此，星系中心附近的恒星沿各自的椭圆形轨道移动的速度要快于位置较远的恒星。恒星的平均速度会透露中心位置的质量。越向内部测量，能够了解到的位于内部恒星轨道内的质量数值和范围就越大。

天文学家发现，在大多数星系中，靠近中心位置的恒星移动速度过快，所以不能单一地用恒星、气体以及暗物质来解释。当对最内部的恒

大事年表

1933年
央斯基在无线电波中探测到了银河系的中心

1965年
天文学家发现了类星体

星辐射出的谱线产生的多普勒频移进行研究时，这一点尤为明显。星体运行速度过快表明星系的核心地带存在黑洞——其质量比太阳大数百万倍甚至数十亿倍，却仅存在于太阳系大小的区域内。

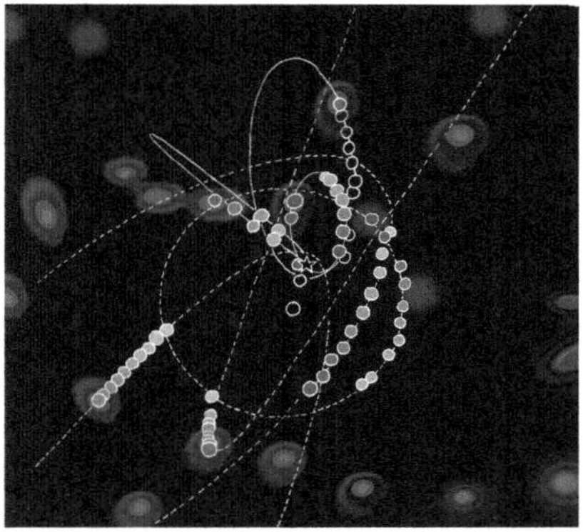

银河系中心附近恒星的轨迹表明该处有黑洞

银河系中心　银河系拥有一个中心黑洞。银河系的中心位于人马座内，靠近被称作人马座 A* 的射电源。天文学家已经对其附近的数十颗恒星进行了追踪。他们在恒星的运动中发现了银河系内藏有黑洞的确凿证据。十多年来，恒星均沿各自的轨道公转。然而，当接近被认为是黑洞藏匿的位置时，它们突然围绕该点猛烈地移动，然后被抛回到更长的轨道上。太阳系的一些彗星也具有类似的极端轨道：在经过太阳时，它们加速移动；在进入太阳系外部的冰封区域时，它们减速移动。银河系中心的恒星运行轨迹表明，银河系内存在着质量巨大、结构致密且不可见的天体，其质量是太阳的四百万倍，也就是一个特大质量黑洞。

射电天文学家还能够测量出位于星系中心的明亮光源的速度，例如水微波激射物体。由于水分子的激发，这些物体辐射出强大的无线电波。利用微波激射物体的速度（非常符合开普勒定律），天文学家已经推断出数个星系内存在质量巨大、结构致密的黑洞。

核球与质量的关系　2000 年以前，特大质量黑洞通常被认为是一种不常见的星系构成成分。活动星系内显然存在黑洞，其他一些处于静态的星系中也有黑洞的身影。然而，它们并没有引来多少关注。后来，

1993 年
水微波激射表明 NGC4258 星系中存在黑洞

2000 年
发现了黑洞与核球在质量上的对应关系

随着功能强大的新型望远镜和天文仪器的出现，它们能够测量出星系中心附近的恒星的移动速度，天文学家也能够清晰地观察到星系的心脏位置。于是，所有星系内均存在黑洞就变得一目了然了。

此外，黑洞的质量与其所在星系的核球部分的质量存在比例关系。天文学家对数百个星系进行了研究，测量出其中心位置的恒星的移动速度（表明了中心的质量），然后把结果绘制成表，与各自核球部分质量进行比对，最终得出了这一结论。它几乎是一种一一对应的关系。

这一趋势让人们大吃一惊。它与星系类型无关，既适用于椭圆星系，也适用于旋涡星系的核球。对于音叉状的哈勃序列设定的不同星系等级之间的相互关系，它提出了质疑。星系核球与椭圆星系不仅在颜色和内部恒星的年龄方面相近，而且这种新型的对应关系表明，这些结构还可能是以相同的方式形成的。盘状结构似乎是一种可有可无的附加特性，存亡全凭星系在与其他天体发生作用时的运气。

黑洞的比例同样让人们大吃一惊，因为黑洞的质量仅占据整个星系质量的很小一部分——还不到1%。所以，黑洞并没有过多地影响星系本身较宽的引力场，只是在其当前位置上非常引人注目——它仿佛是银河系心脏位置上的一颗黑珍珠。

种子，还是残骸 特大质量黑洞是如何形成的呢？我们知道小型黑洞是高质量恒星在生命结束时坍缩产生的。发生坍缩时，恒星会停止燃烧，不能继续抵抗自身的引力，进而坍缩为致密的壳体。然而，这个过程是如何发生在规模放大数百万倍的黑洞身上的呢？一种可能是特大质量黑洞是首批恒星留下的残骸。最初形成的恒星似乎有着庞大的体积和较短的寿命，因此，它们很快耗尽了自身的能量，然后发生了坍缩。一系列这样的恒星聚拢到一起，就构成了一个巨大的黑洞。还有一种可能是星系中央的黑洞可能先于恒星出现，可能在宇宙形成时，或者形成后不久，黑洞便已经存在了。可能从一开始就是黑洞播下了星系的种子。究竟是哪一种可能呢？天文学家也不得而知。

下一个问题是关于黑洞体积是如何增大的。天文学家认为星系是通过并合成长起来的——吞噬体积较小的星系，并与体积较大的星系发生碰撞。然而，几乎没有一个星系拥有两个或多个明显的黑洞，甚至在近期并合过的星系内也没有发现这种情况。这表明中心黑洞必定是快速并合的，但是数学计算和计算机模拟得出的又是截然相反的结果。由于黑洞的密度非常大，压缩得非常紧凑，它们更像是弹球而非油灰。因此，如果分别被掷向彼此发生碰撞，那么它们应该会弹开，而不会粘在一起。黑洞理论与观测数据之间的差异仍然是一个巨大的谜题。

“黑洞告诉我们，空间能够像纸张那样被蹂躏成极微小的一个点，时间能够像吹灭火焰那样被熄灭，而被我们看作亘古不变的‘神圣’的物理学法则其实言过其实。”

——约翰·惠勒

反馈 假设能够让黑洞平稳地成长，使其质量与核球部分的质量一同增加，那么黑洞可能会对星系产生怎样的影响呢？我们知道，至少有10% 的星系中心黑洞是处于活跃状态的，我们把它们视为活动星系核。黑洞经历活跃期与睡眠期似乎是合情合理的。平均起来，通过吸积气体，它们在星系 10% 的生命周期内必定是处于爆发状态的。类星体显然受到了高能爆发的影响，结果随着物质的涌入，在黑洞的周边地区产生了大量电离气体流、辐射流，或射电发射粒子流。也许，所有的星系均曾经历过类似的活跃阶段。

天文学家认同这一观点。他们怀疑黑洞遵循星系碰撞的活跃周期。通过从其他星系中引入新鲜的气体供给，并合过程促进了黑洞的发展。随后，黑洞进入爆发状态，在 X 射线中猛烈地燃烧，并喷射出热浪和粒子流。气体的积累同样触发了新恒星的形成，星系由此也发生了一系列巨大的变化。终于，由于气体供给枯竭，黑洞变得“饥饿难忍”，不得不偃旗息鼓。于是星系又恢复了过去平静的状态，直到下一次并合的来临。最终，特大质量黑洞可能会成为约束星系成长的“温度自动调节器”。

星系上的黑珍珠

36 星系的演化

埃德温·哈勃在图表上把星系分为了旋涡星系与椭圆星系，简要概述了星系会从一种类型转化为另一种类型，但是要说清楚转化过程是如何发生的仍然不是一件容易的事情。天文学家已经描述出了不同类型星系的典型特征，同时也描绘出了数百万个星系在宇宙中的分布图。如今，他们正在进行庞大的计算机模拟试验，力图了解星系的构成方式以及它们的特性与宇宙基本构成元素之间的关联程度。

要了解星系的演化过程，首先要了解宇宙微波背景。宇宙微波背景是初始宇宙现存的最早印迹。其表面点缀的冷热斑源于某些微小的差异，但它们显示了在大爆炸发生后的40万年间物质密度的波动。大爆炸之后，它们在引力的作用下开始膨胀。氢气团聚到一起形成了早期的恒星和星系。

高红移宇宙是我们可见的又一宇宙印迹。光线传播到地球需要一定的时间，因此我们所见的红移星系是它们几十亿年前的模样。天文学家通过搜寻更加遥远的天体确实能够回溯过去。目前，所见的最遥远的已知星系和类星体是它们约130亿年前的样子。因此，我们推断星系是在大爆炸发生后10亿年内出现的（宇宙的年龄是137亿岁）。这意味着星系形成的速度相当之快，所用时间远远少于太阳这样的普通恒星的生命周期（长约10亿年）。

大事年表

1926年	1965年	1977年
哈勃在音叉状的图表上对星系进行了分类	发现了宇宙微波背景辐射与类星体	CfA红移巡天项目启动

“天地所以能长且久者，以其不自生，故能长生。”

——老子

在思考星系的形成过程中，天文学家遇到了一个类似先有鸡还是先有蛋的问题：是星体形成在先，然后聚拢到一起构成了星系，还是大小与星系相仿的气团形成在先，然后碎裂为无数的星体呢？上述这两种情景分别被称作“自下而上式”和“自上而下式”星系构成模型。为了区分二者的差异，我们需要进一步回溯到过去，找到一些刚刚成型的星系。然而，这个时期的宇宙难以观测，因为它被笼罩在浓雾之中。这个时期被称作“黑暗时期”。

再电离　在宇宙微波背景光子释放的过程中，带电且不透明的宇宙（电子与质子自由地散射出光子）变为了不带电的透明宇宙。当宇宙的温度降低到足以令电子与质子相结合时，原子形成了，产生了浩如烟海的中性氢原子，其中还夹杂着少许轻元素。然而，我们今天看到的宇宙几乎全部是经过电离的。星系间的空间内充斥着各种带电粒子，只有星系或少数气云中还留有氢原子。

氢原子到底怎么了？当早期星体出现时，氢原子经历了电离与散逸的过程，这个时期被称作再电离期。如果我们能够观察到再电离发生的阶段，那么那些星体是独立存在还是已经簇拥在星系里就一目了然了。然而，探究宇宙的黑暗时期并非易事。首先，对于红移值如此高的天体，我们知之甚少。最遥远的星系非常昏暗，颜色严重偏红，搜寻它们的身影不亚于大海捞针。即使找到了一个相当红的天体——具有与高红移值相匹配的颜色，其距离也不是轻而易举就可以确定的。氢元素特有的强谱线经过红移后，波长超越可见光的范畴，变为红外线，就更加难以探测。而且，一旦光源前方有大量的氢，我们看到的已经红移至可见

1992年
COBE卫星探测到了宇宙微波背景中的涟漪

2000年
斯隆星系巡天项目启动

2020年
一平方千米天线阵可能会投入运转

光波长范畴的紫外线几乎会被全部吸收。即便如此，天文学家认为他们可能已经在再电离期的边缘观测到了一些类星体，因为在那个区域光线吸收得并不完全。

在未来的十年间，天文学家希望找到更多黑暗时期的天体。氢气也会吸收特定波长的无线电波。有一种关键性的谱线，其波长是 21 厘米。根据天体的距离，该波长经过红移还会被拉伸得更长。天文学家将建造一种新型的射电望远镜，希望为遥远的宇宙打开这个全新的低频视界。其中一个重大的国际项目就是一平方千米天线阵（SKA），其有效接收面积为一平方千米，但天线却散布在成百上千千米范围内。它的敏感度将是史无前例的，能量也足以绘制出位于遥远宇宙中的中性氢气结构，从而锁定首批星系的位置。

巡天 天文学家借助其标志性的红色，已经发现了数百个遥远星系。一些类型的星系脱颖而出——椭圆星系与富含氢原子的星系呈淡蓝色并伴有紫外光的辐射，这导致它们在被彩色滤色镜拍摄出来时，亮度会出现“落差”。由于氢的吸收，具有明显断裂的星系被称作莱曼断裂星系。目前，在红移值较低的情况下，诸如斯隆数字巡天这样的大型星系巡天项目已经绘制出了地球周边绝大部分宇宙空间的样貌。因此，借助宇宙微波背景辐射，我们对近期形成的这半个宇宙有了较好的认识，对于高度的红移也有了粗略的了解，但对于黑暗时期的认识尚存空白。总体而

黑洞的数量

特大质量黑洞在星系演化过程中扮演的角色仍然是一个重大的谜团。天文学家认为绝大多数体积可观的星系中均藏匿着黑洞，其质量与星系的核球部分存在着比例关系。然而，黑洞受到了撞击的影响，落入的气体可能会在星系的中心位置引发激烈的辐射和喷流，而且碰撞不但不会让黑洞平静从而聚合，反而会将黑洞解散。因此，对于黑洞的数量，仍然有待研究。

言，对于这个年轻的宇宙，我们已经有了一个大致的印象。

“等级制度在稳定的环境中运转良好。”
——玛丽·道格拉斯

根据这些信息，天文学家正在查明星系和大尺度结构形成的过程。他们利用超级计算机创建出大量代码，来模拟引力“种子”成长为星系的过程。涉及的成分包括气体和各种不同的暗物质。在微波背景和临近星系团中观测到的早期密度波动对这些成分有着深远的影响。

等级式理论 当下的主流理论认为小型星系率先形成，在后续的碰撞与并合中才产生了较大的星系。这被称作等级式理论。如今每个星系均有一个系谱，里边囊括了许多小星系。星系间会发生激烈的碰撞，从而轻而易举地扰乱某个星系并改变它的特性。两个旋涡星系相撞可以合为一体，并留下一片狼藉，这片狼藉平静后会形成一个椭圆星系。日后，这个椭圆星系可能会从富含气体的“邻居”那里偷来一个圆盘。许多种星系都可以基于简单的“约会原则”演变出来。但一般而言，在这种模式下，星系的体积会发展壮大。

星系不仅是由星体与气体构成的，它们还包含暗物质。暗物质环绕在星系外围，成为球状的“晕”。暗物质的特性影响着星系碰撞与聚拢的方式。为了和我们所见的星系相匹配，计算机模拟人员提出暗物质的能量不应该过高，应该是低速移动的“冷暗物质”，而不是快速移动的“热暗物质”，因为后者将会阻碍星系的粘连。另外，星系还有一个组成成分是暗能量，这是一种与引力进行大规模对抗的力。经过模拟，那些使用冷暗物质并把适度的暗能量囊括其中的模型取得了最好的模拟结果。

巨大的星系由小型星系演化而来

37 引力透镜效应

庞大的天体会令来自背景光源的光线汇聚，从而产生引力透镜效应。引力透镜被称为天然望远镜，它会放大位于其后方的类星体、星系以及恒星，产生多个图像、圆弧和偶尔出现的圆环。对天文学而言，透镜效应是一个强有力的工具，因为它可用来在宇宙中追踪昏暗材料的下落，包括寻找暗物质的踪影。

阿尔伯特·爱因斯坦在提出广义相对论的过程中，认识到质量较大的物体会让时空发生弯曲。因此，光线在经过这些物体时，会沿着弯曲的轨迹传播，而不是沿直线传播。由此造成的光线弯曲效果与透镜的作用类似，故称为引力透镜效应。

1919 年，在一次日全食观测过程中，物理学家亚瑟·爱丁顿确认了爱因斯坦有关光线围绕物体发生弯曲的论断。在观察日面边缘附近的某颗恒星时，爱丁顿发现当其接近太阳时，位置会出现微小的变化。如果我们把时空想象为一块橡胶板，质量很大的太阳在其上方形成了一处凹陷，那么远方恒星照射过来的光线从附近通过时就会发生偏转，这就像台球滚过球桌表面的小坑时出现的状况。当被太阳弯曲后的星光轨迹映入我们的眼帘时，看上去它发射过来的方向就有了些许的变化。

1936 年，爱因斯坦提出了引力透镜理论。一年后，天文学家弗里茨·兹威基猜想巨大的星系团可以被视作一面引力透镜，它巨大的引力

大事年表

1915 年
爱因斯坦提出了相对论

1919 年
爱丁顿通过日食观测证实了相对论

会令其后方的星系与类星体发生偏移。然而，直到 1979 年，这种效应才被发现。当时，天文学家观测到了一“对”类星体——两个临近的类星体具有一模一样的光谱。

“如无意外，物体将继续保持静止状态或做匀速直线运动。”
——亚瑟·爱丁顿爵士

图像数量的增加 位于地球与某个背景类星体之间的高质量星系能够产生该类星体的多个图像。介于二者之间的星系的质量会让类星体射出的光线在通过时发生弯曲，将光线导入星系周围的轨道上。总之，这种几何结构会产生奇数个图像。以上文提到的双类星体为例，还应该可以见到第三个比较黯淡的图像。而且，类星体的透镜图像也得到了放大。从类星体的四周到其前方，来自各个方向的光线均出现了弯曲，改变了方向，朝我们汇聚过来。因此，受到引力透镜效应影响的天体的图像要比原始图像明亮得多。

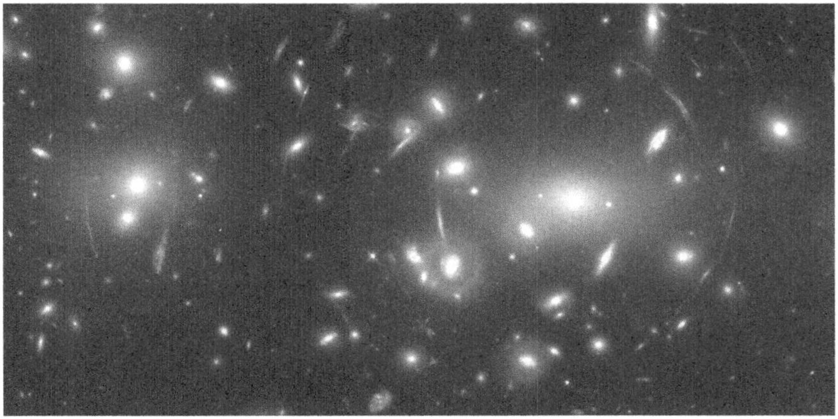

星系团的引力把背景星系拉伸为圆弧状

1936/1937 年
爱因斯坦与兹威基对引力透镜效应作出了预测

1979 年
首次确认了透镜效应产生的双类星体图像

2001 年
微透镜项目在麦哲伦星系方向发现了晕族大质量致密天体

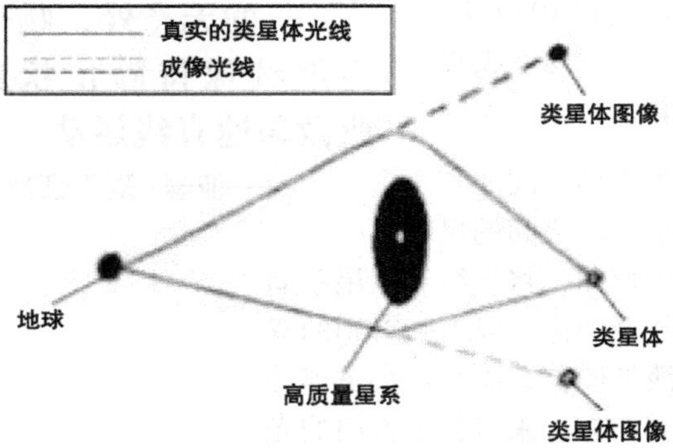

通常，透镜不会恰好与地球和某遥远类星体处于一条直线上，而是如左面的示意图所示，产生多个图像的排列方式。然而，如果背景天体确实处于透镜的正后方，那么其光线会均匀地散开成为一个圆环，这个圆环被称作爱因斯坦环。如果透镜的位置稍稍偏移了一点，那么这个环就会分解为圆弧和数个小点。

透镜图像的另一个特性是它们的光线传播到地球所耗费的时间略有差异，这是由于它们的轨迹不同造成的。一旦背景类星体骤然发生短暂的闪耀，路径最长的光线将会经历些许的延迟。如果已知透镜系统的几何结构，那么这种延迟可用于哈勃常数的计算，也就是宇宙膨胀率的计算。

如果背景天体是一个在空间中延伸的星系，而不是类星体这样的点光源，那么星系各个部分都会受到透镜效应的影响。于是，星系看上去是散开的、明亮的。由于遥远星系通常都比较黯淡，引力透镜可以作为一种强大的工具，去揭开早期宇宙的神秘面纱。被庞大星系团放大后的星系尤为引人瞩目。这种星系团经常伴有明亮的圆弧，每个圆弧意味着有一个背景星系正在受到星系团质量的影响，从而变得模糊不清。天文学家能够借助这些圆弧的几何图形确定星系团的质量，同时也能够观察到经过放大和延展的遥远星系的属性。

弱引力透镜 在强引力透镜体系内，即当透镜的质量集中且引力效应巨大时，会有多个图形、圆弧以及圆环产生。但由于质量在宇宙空间中延伸和分布更广，因此也能够探测到较弱的引力透镜形式。例如，在星系团的边缘，星系具有向外稍稍延伸的倾向。因为任何独立星系的外观看上去均呈椭圆形，所以很难判断它是发生了弯曲，还是本来就是那样。但是一般情况下，通过它们的图案还是能够辨别清楚的。由于引力效应沿着围绕在天体周围的圆环或轮廓的切线方向作用，星系会略微地延长。因此，对于一个圆形的星系团而言，统计结果显示，星系会向外延展，以至于它们更趋向于在星系团周围形成圆环。

“一些未知的东西正在做着我们不知道的事情。”

——亚瑟·爱丁顿

同理，星系背景场也会受前方分布广泛的物质的影响而延展和弯曲。如此一来，遥远宇宙的图像看上去就像是隔着一扇薄厚不均的旧玻璃窗看到的情景，而不是通过一个全新的透镜所见的。通过探寻各个椭圆星系在方向上的相互关系，天文学家已经在深空图像中发现了这种弱引力透镜效应的图形。假设这些相互关系是引力透镜效应导致的，他们便能够计算出在最显著位置上物质的分布情况。依靠这种方法，他们正在尝试确定空间中暗物质的分布。

微透镜 微透镜是另一种形式。在小型天体通过某背景源之前，或者当透镜天体距离背景天体非常近的时候，它只会令光线发生部分偏转，这时微透镜现象便出现了。该技术已被用于晕族大质量致密天体的搜寻工作。这种大小与木星相仿的天体有可能就是暗物质。20 世纪 90 年代，天文学家对朝向银河系中心和大小麦哲伦云的数百万颗恒星进行了观测，连续数年每晚跟踪它们的亮度。他们发现，由于前景天体的放大作用，恒星会以一种独特的方式突然变亮，然后又瞬间黯淡下去。一个在澳大利亚进行观测的小组发现了数十颗这样的恒星，他们认为这是质量与木星相当的死亡恒星或流浪的气体行星。大多数这样的恒星都是在银河系中心方向看到的，而不是在麦哲伦云方向发现的，这表明在银河系内部大小与行星接近的天体数量要多于银河系外部区域。因此，这样的晕族大质量致密天体的数量与银河系内暗物质的数量相比简直微不足道。天文学家仍然在探寻其他有可能是暗物质的天体。

天然望远镜

第五部分

恒星

38 恒星的分类

恒星的颜色揭示了它们的温度和化学性质，而且与其质量息息相关。20世纪初，天文学家根据恒星的色调以及光谱对它们进行了分类，并发现了能够表示其内在物理特性的图形。到了20世纪20年代，哈佛大学一组著名的女天文学家最终完成了恒星的分类工作。

如果近距离地观看，你会发现恒星具有多种颜色：太阳与大角星是黄色的，参宿四是红色的，而织女星是蓝白色的。南半球上空的一个恒星团被天文学家约翰·赫歇尔命名为珠宝盒星团，因为通过望远镜看去，它们绚丽夺目，就像是“一个盛放着不同颜色宝石的首饰匣”。

颜色的启示 温度是形成不同色调的主要因素。最炽热的恒星呈蓝色，它们的表面温度能够达到 4 万开尔文；最凉的恒星呈红色，温度只有数千开尔文。介于二者之间的恒星，由于大气温度逐渐降低，颜色呈现出由白至黄再到橙的变化趋势。

这种颜色序列反映了辐射或吸收热能的物体所释放出的黑体辐射。从钢水到烧烤炭，它们燃烧时显现出的主要颜色，即释放出的电磁波的最高频率，与温度之间存在某种比例关系。尽管恒星的温度可能大大超出煤炭的温度，但它们释放出的电磁波的频率变化幅度都较小。

大事年表

1880 年

皮克林雇用哈佛大学女性绘制恒星图

1901 年

哈佛大学天文台提出 OBAFGKM 星系分类法

“哈佛计算员”

在哈佛大学进行此项研究的天文学家在当时是一组非同寻常的人。该大学天文台的台长爱德华·皮克林雇用了大量女性来承担一些重复但又需要技巧的工作，这些工作需要对数百颗恒星进行检视，包括对相片底片进行精确的测量以及完成各种数值分析。皮克林之所以选择女性是因为她们比男性员工更加可靠，并且廉价。在这些“哈佛计算员”中，有几个人坚持了下来，最后凭借自身的能力成为了家喻户晓的天文学家。例如，1901年提出OBAFGKM分类法的安妮·詹普·坎农，以及1912年证实温度是致使分类序列存在的潜在因素的塞西莉亚·佩恩－加波施金。

恒星光谱 19世纪末期，天文学家对星光进行了更近距离的观察，并将其色散为一系列彩虹般的单色构成光线。日光光谱中存在特定波长的间隔，即夫琅和费线，同样恒星的光谱中也存在暗线间隔。暗线是由于光线被笼罩在恒星周围的热气中的化学元素吸收所致。温度较低的外层结构会吸收温度较高的内层结构产生的光线。

氢是恒星中最为常见的元素。因此，氢元素的特征吸收谱线是恒星光谱中最易辨别的。被吸收的波长反映了氢原子的能量级。这些频率会传送能量适当的光子，使原子的外层电子能够从一个能级跃迁到另一个能级。由于能量等级如同吉他上的定音品一样错落有致，频率越高，间隙越小，由此产生的吸收谱线便构成了一个独特的序列。

例如，第一能级的电子可以吸收一个光子，从而能够跃迁至第二能级；或者，该电子再多吸收一点点能量并跃迁至第三能级；抑或吸收更多的能量达到第四能级，依此类推。这样的每一次跨越均决定着某条吸

1906年
天文学家识别出了红巨星与红矮星

1912年
天文学家确定了温度与颜色的关系

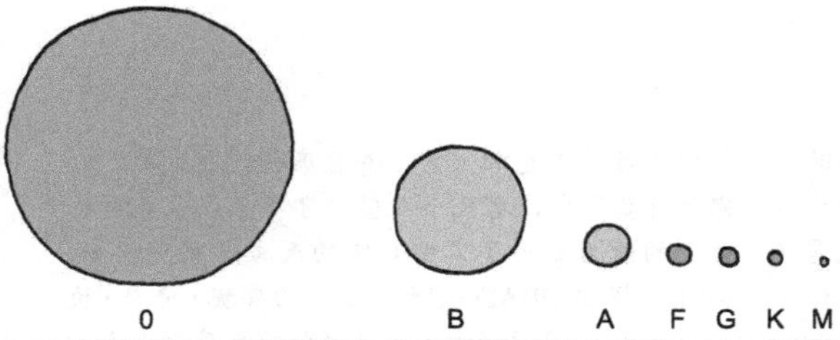

收谱线的频率。移至第二能级后，类似的模式会产生已经处于第二能级的电子；另外一种模式会产生第三能级上的电子。就氢原子而言，这种谱线序列是以著名物理学家的名字命名的。处于最高能级、出现在紫外线光谱内的谱线被称作莱曼系；中间的谱线分别被称为莱曼 -α、莱曼 -β、莱曼 -γ，等等。在光谱可见光内出现的下一个序列被称作巴尔末系，其主要的谱线常被称作 H-α、H-β 等。

此类氢元素谱线的强度取决于吸收它们的气体的温度。因此，通过测量谱线的相对强度，天文学家能够估算出不同气体的温度。恒星外层中的其他化学元素也吸收光线，它们谱线的强度同样可以表现出温度。冷星拥有源自较重元素（比如，碳元素、钙元素、钠元素以及铁元素）的强劲吸收谱线。有时候，它们甚至会显现出分子的踪影，其中常见的一种是二氧化钛，它是防晒霜中经常使用的一种化学成分。另外，重元素——天文学家统称为“金属元素”——往往会令恒星变红。

分类 自然学家对物种进行分类，以便了解它们的演化过程。同样，天文学家也已经根据恒星光线的特性对它们进行了分类。起初，对于恒星的归类是以各种吸收线的强度为依据的，但到了 19 世纪末 20 世纪初，美国哈佛大学天文台提出了一种更加全面的方法。

星等

在天文学中，由于恒星间的跨度太大，测量它们的亮度要以一种对数标尺为基础。织女星的亮度被认定为 0 等，最明亮的天狼星的等级为 –1.5，而越黯淡的恒星的星等越大，如 1、2，依此类推。它们倍增的因数为 2.5。如果距离已知，那么便可以计算出某颗恒星的“绝对星等”。绝对星等是指在一个固定距离上恒星所表现出的亮度，该距离通常为 10 秒差距（32.6 光年）。

哈佛大学的这一方案沿用至今。它根据恒星的温度为它们划分等级。从接近 4 万开尔文的最炽热恒星，到 2000 开尔文的冷星，它们被一一归入以字母 OBAFGKM 命名的各个等级。O 类恒星温度高，呈蓝色；M 类恒星温度低，呈红色。太阳属于 G 类恒星，表面温度约为 6000 开尔文。出现这种看似无序的字母排列是有其历史原因的：先前的光谱分类或以恒星类型命名，或以字母来命名，而这个方案把两种分类方式结合到了一起。天文学家通常借助记忆口诀来记住该字母次序，其中流传最广的口诀为“oh be a fine girl/guy kiss me”。后来，此方案变得更加完善，使用数字 0~10 表示两级之间的进一步划分。因此，B5 恒星是介于 B 类与 A 类之间的恒星，而太阳则属于 G2 类恒星。

“在不考虑细胞学的情况下研究生命有机体的进化，就好像解释恒星演化时将光谱学弃之不理一样，都将是徒劳的。”

——J.B.S. 霍尔丹

尽管大部分恒星均可以被划归到 OBAFGKM 分类中去，但仍然存在一些例外的情况。1906 年，丹麦天文学家埃希纳·赫茨普龙注意到最红的恒星具有两种极端的形式。例如同样为红巨星，参宿四的亮度比太阳高，半径也比太阳大数百倍；而红矮星的体积比太阳小得多，亮度也黯淡得多。其他类型的恒星也有类似的情况，包括炽热的白矮星、凉爽的锂星、碳星以及褐矮星。另外还包括具有发射谱线的炽热蓝星和沃尔夫－拉贡星，它们是温度很高的恒星，在扩大的吸收线中表现出强烈的爆发迹象。恒星分类的混乱状态表明，对恒星及其特性进行解释有着各种各样的规则。天文学家必须找出它们发展的规律，即在燃烧的过程中，它们是如何从一种类型变为另一种类型的。

恒星的种类

39 恒星的演化

恒星的寿命长达数百万年，甚至数万亿年。恒星颜色和亮度之间的相关性表明它们遵从相似的演化轨迹，而这是由其质量决定的。它们的种种特性源于其内部发生的核聚变反应。我们周围的所有元素，包括我们身体里的元素，均是恒星的产物。我们确实是由星尘构成的。

恒星的颜色大体表明了它们的温度：蓝色恒星温度较高，红色恒星温度较低。然而，恒星的独特亮度同样会随着颜色发生变化。温度较高的蓝色恒星往往比温度较低的红色恒星更加明亮。丹麦天文学家埃希纳·赫茨普龙和美国天文学家亨利·诺利斯·罗素分别于1905年和1913年注意到了恒星亮度与颜色之间存在的趋势。如今，两人的名字共同出现在了描绘恒星亮度与颜色关系的示意图上：赫茨普龙－罗素图（简称赫罗图）。

赫罗图 在赫罗图上，从明亮的蓝热恒星到昏暗的红冷恒星，90%的恒星（包括太阳在内）均处于一条带状对角线上。这条线又称为主序带，沿着主序带分布的恒星被称为主序星。除了主序带以外，在赫罗图上还存在着其他几组恒星。其中包括一个红巨星分支——颜色接近但亮度各不相同的恒星，一个白矮星群——炽热但黯淡的恒星，以及一个独立的造父变星分支——颜色各不相同，但亮度类似的恒星。这些图形表明恒星必定是以某些固定的方式出现和演变的。但直到20世纪30年代，天文学家才认识到恒星闪耀的真正原因。

大事年表

1905年/1913年

赫茨普龙和罗素分别提出了恒星颜色与亮度之间的变化趋势

1920年

亚瑟·爱丁顿提出恒星的闪耀源于核聚变反应

“你们需要两方兼顾。认识恒星之路要通过原子，而认识原子的重要知识之路又要通过恒星。”

——亚瑟·爱丁顿爵士

核聚变 包括太阳在内的恒星燃烧都是由核聚变反应造成的——轻原子核相互结合生成重原子核和能量。一旦受到强劲的挤压，氢原子核便聚合形成氦原子核，并在这个过程中释放出大量的能量。经过一系列核聚变反应，会逐步产生质量越来越大的原子核。事实上，我们周围的所有元素都能够在恒星中从头开始创造。

即使是最轻的原子核（例如氢原子核）聚合到一起也需要极高的温度和压力。要使两个原子聚合，必须克服维持原子自身独立性的力量。原子核由被强核力束缚在一起的质子和中子构成。强核力只在原子核的极小范围内发挥作用，因此它可以抑制带正电荷的质子之间的电荷斥力。另外，由于强核力作用的范围很小，所以体积较小的原子核比体积较大的原子核结合得更加紧密。于是这两种因素的净效果就是，将原子核束缚到一起所需的能量，平均到每个核子上，会随原子量的增加而增长到非常稳定的镍、铁元素原子核时达到峰值，并随后开始降低。较大原子核更容易在受到轻微撞击时分裂。

只拥有一个质子的氢同位素需要克服的聚变能障碍是最小的。最简单的核聚变反应当属氢（一个质子）与氘（一个质子加一个中子）结合，形成氚（一个质子加两个中子）以及一个单独中子的反应。然而，即使是激发这样的反应，也需要 8 亿开尔文的高温。

1939 年

汉斯·贝特给出了氢聚变的物理过程

1957 年

B^2FH 理论提出了恒星核合成反应

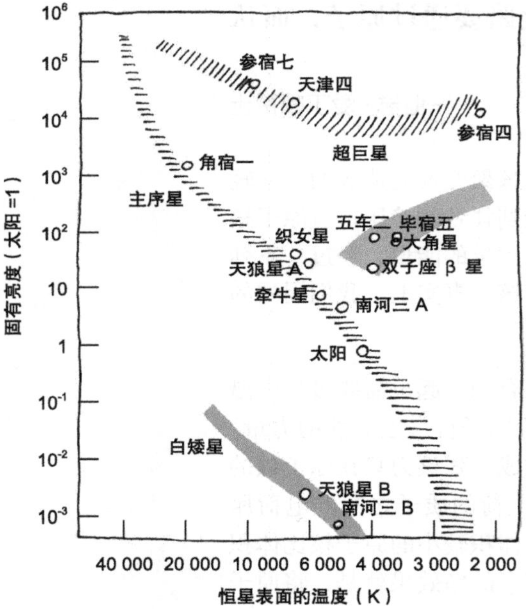

星尘 1939 年，德国物理学家汉斯·贝特描述了恒星通过把氢原子核（质子）转化为氦原子核（两个质子和两个中子），从而让自身更加闪耀夺目的过程。转化还牵涉到了额外的微粒（正电子和中微子），因此在此过程中，两个原始的质子变为了中子。根据杰弗瑞·伯比奇、玛格丽特·伯比奇、威廉·福勒以及弗雷德·霍伊尔四人于 1957 年发表的一篇重要论文（又称 B^2FH 理论），由于核聚变的发生，随后逐步出现了质量较重的元素。

首先通过氢的聚合，紧接着是氦的聚合，然后是质量比铁元素轻的其他元素的聚合，以及在某些情况下质量比铁元素重的元素的聚合，最终形成了规模较大的原子核。诸如太阳这样的恒星之所以闪耀，是因为它们绝大多数正在将氢聚合为氦，而且这个过程非常缓慢，从而使得形成的重元素数量极少。在较大的恒星内部，由于加入了碳元素、氮元素和氧元素的反应，核聚变反应的速度加快，因此，迅速产生了更多的重元素。一旦有氦元素存在，三个氦 4 原子相结合（中间生成了不稳定的铍 8），碳元素就能够形成。而碳元素一旦形成，便与氦元素聚合到一起形成氧元素、氖元素以及镁元素。这些缓慢发生的转变过程几乎伴随恒星的整个生命周期。

“我们就是一些偶然间冷却下来的恒星物质，一颗误入歧途的恒星的一小部分。”

——亚瑟·爱丁顿爵士

无需恐慌

即使现在太阳中心的核聚变反应戛然而止，产生的光子到达其表面的时间也需要100万年。因此，在短时间内，我们是不会注意到太阳上究竟发生了什么事情的。尽管如此，有很多历史证据表明太阳的能量至今仍然保持恒定。

恒星的特性在更大程度上是受其结构掌控的。恒星必须平衡三个力：自身巨大的重力；气体与辐射的内部压力，该压力使得它们持续膨胀；以及热量通过它们的气体层进行传导时所产生的力。前两种力控制着恒星的结构，这是一系列如洋葱般的层状结构，密度随着与中心之间距离的增大而降低。核聚变反应发生在恒星的深处，那里的压力最大。反应发生后产生的热量不得不透过恒星，到达其表面散发出去。热量传导的方式有两种：一种是辐射，就像阳光辐射那样；另一种是通过流体运动，如煮沸的开水那样。

生命周期 主序星的生命周期是由其内部核聚变反应的速率以及自身质量决定的。反应速率对于恒星核心的温度和密度极其敏感，通常要求温度超过1000万度，密度大于1万克/立方厘米。大质量恒星内核的温度更高，密度更大，因此耗尽自身能量所需的时间要短于小质量恒星。像太阳这样的恒星作为主序星的时间约为100亿年；质量比太阳大上十倍的恒星将会比太阳亮上数千倍，但仅能持续2000万年的时间；质量只有太阳十分之一的恒星，亮度可能会比太阳黯淡数千倍以上，但存在时间却将持续1万亿年左右。由于这个时间已经超出了宇宙目前的年龄（137亿年），所以我们还没有目睹到最小恒星的死亡。

星力发电

40 恒星的诞生

当气团由于引力作用被挤压进某个致密的球体时，恒星便诞生了。随着恒星的坍缩，气体的压力和温度将会升高，直至足够支撑整个恒星并阻止其进一步坍缩。如果气质球体的质量足够大，那么中心位置的压力将会引发核聚变反应，从而使恒星活跃起来。

大多数恒星都形成于巨大的分子云内，即星系内高浓度气体汇集之处。银河系拥有约 6000 个分子云，分子云的质量占气体总质量的一半左右。临近的分子云包括距离我们 1300 光年（1.2×10^{16} 千米）的猎户星云和 400 光年之外的心宿增四云团。这些区域可能绵延数百光年，囊括的气体足以形成数百万个太阳。它们的气体密度是星际空间常见气体密度（通常是一立方厘米中存在一个甚至不到一个分子）的一百倍。

星际空间的气体中，70% 是氢元素，其余为氦元素，只有极小部分的较重元素。稠密的分子云温度很低，足够氢分子（H_2）和氢原子存留。通常情况下，分子云的温度仅有绝对零度以上几度，其中蕴藏着宇宙中最为寒冷的地带。例如，布莫让星云的温度仅有 1 开尔文，低于周围微波背景辐射的温度（3 开尔文）。

原恒星 恒星植根于气体密度高于密度平均值的气云内。不过其中缘由仍未可知，但这种情况可能仅仅是湍流造成的，或者是因为气云受到临近超新星的冲击出现了某种混乱。另外，磁场在气团的发展过程中也起了作用。

大事年表

1780 年

威廉·赫歇尔观测到了双星

1902 年

詹姆斯·金斯提出了自引力球体理论

“对我们而言，遮住我们眼睛的光线就是黑暗。只有我们醒来的那一天，天才破晓。破晓的日子多的是。太阳也只不过是一颗晨星。”

——亨利·戴维·梭罗

一旦有大小可观的气团形成，引力效应便会介入，将其进一步向内压缩。气质球体在聚集的过程中，压力增大，温度也会升高。此后，当球体向下滚动的速度加快时，便会释放出重力能。热能与压力将抵消引力的拉伸，并令球体膨胀以阻止球体坍缩。界定这两股力量达到平衡的关键质量被称作金斯质量，该质量是以物理学家詹姆斯·金斯的名字命名的。超过金斯质量的气团将会继续成长，而没有超过的则不会继续成长了。

双星

联星系统中，双子星的形成也是一个难以解释的问题。两颗恒星各自在轨道上围绕着共同的质量中心进行公转。在银河系内，约有三分之一的恒星处于联星系统中。如此高的比例说明双星系统不可能是通过漫游的恒星被偶然捕获的方式形成的，必定存在某些双星形成的机制。如果数个星团浓缩自同一个分子云，那么它们便有可能是一起形成的；如果分子云遭受了一次触发质量堆积的振动或者扰动，那么这些星团便很可能是在同一时间内形成的。分子云中的湍流也许可以更好地解释一对或多对双星在较近的范围内一起形成的原因。如果联星系统的配置不稳定或者经历了碰撞，那么其他的恒星就有可能从系统中离开。

1994 年

利用哈勃太空望远镜，天文学家在猎户星云中正在形成的恒星周围发现了圆盘

2009 年

赫歇尔太空望远镜发射升空

“唯有内心混乱才能够诞生舞蹈明星。”
——弗里德里希·尼采

受引力作用的区域可以从周围吸引更多的物质，物质着落在它的表面，加剧了它的坍缩。在气团萎缩的过程中，它的温度升高，并开始燃烧发光。当温度达到 2000 开尔文时，它的高温会令氢分子分解，并对其主气团内的原子进行电离。恒星获得了一种全新的释放能量的方式，之后便可以进一步坍缩，直至到达了自身内部压力可以支撑自己的临界点。这时，它就成为了原恒星。

原恒星通过吸积物质继续成长。它们会形成一个被称作星周盘的扁平盘状结构，从而使得物质能够更加高效地坠落到它们的表面。一旦将临近环境中的所有物质消耗殆尽，原恒星便会停止成长并再次收缩。最终，它的致密性非常高，足以在其高密度内核中触发氢聚变反应。这时，它已经成为了一颗恒星。对于质量与太阳相仿的恒星而言，该过程将历时 10 万年之久。当恒星经历核聚变反应时，它的温度和颜色将使其跨入主序星的行列。根据由物理特性确定的图形显示，正在逐步演化的恒星会处于主序带之内。

正在形成的恒星是难以被观测到的，因为它们星光黯淡，并且在分子云中隐藏得很深。天文学家必须借助红外线或波长更长的光谱进行观测，才可以捕捉到原恒星受尘埃遮挡的光芒。利用哈勃太空望远镜，他们窥探到了猎户星云中正在形成的高质量恒星周围所环绕着的圆盘；另

赫歇尔太空望远镜

2009 年，欧洲航天局将赫歇尔太空望远镜发射升空。它将借助红外波长对形成过程中的恒星以及遥远星系进行观测。它装有一个巨大的单体太空望远镜镜面（直径达 3.5 米），正在探寻受到尘埃遮挡、其他望远镜无法探测到的寒冷天体。赫歇尔太空望远镜的探测目标是孕育着新恒星的早期星系、气云和尘埃，可以形成行星的圆盘，以及彗星。该望远镜以威廉·赫歇尔的名字命名，此人于 1800 年发现了红外线。

外一些使用十米口径望远镜进行的观测也在独立的年轻恒星周围发现了类似的圆盘，从而确定此类圆盘是普遍存在的。然而，这些圆盘是否会继续发展形成行星——就像我们的太阳系一样——仍然是一个有待解答的问题。

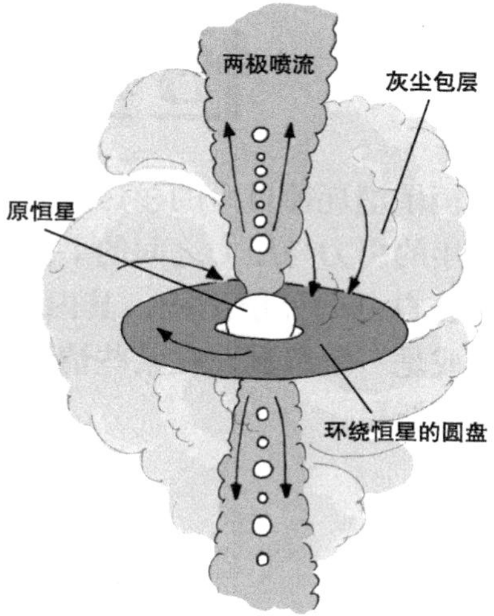

高质量恒星产生的过程是另一个谜题。它们本应比低质量原恒星明亮得多，因此你会期待着它们迅速停止坍缩，以免燃烧起来。然而，事与愿违，它们的形成必定轻而易举，因为我们观察到了大量高质量的恒星，特别是在某些恒星形成十分激烈的地方，例如在碰撞发生后的星系内。也许，它们可以有效地利用圆盘把物质导入自己的表面，并借助外流和喷射把能量驱散。

特定的分子云可以产生质量各异的恒星。根据各个恒星的质量可以看出它们的演化历程是大相径庭的。因此，随着时间的推移，这些恒星看上去将会千差万别。对于尝试了解星系形成与演化的天文学家而言，关于恒星形成方式的统计数据将影响着整个星系的外观。

双星　确定双星的方法有许多种。直观上，可以通过望远镜进行追踪；在光谱学上，可以观察谱线中的多普勒频移，它可以显示出恒星之间相互环绕运行；另外，在互食现象中，某颗恒星移动到另一颗恒星前方时会使对方变得黯淡无光，这也表明有双星存在；在天体测量上，如果发现某颗恒星轻微晃动，表明存在伴星。18 世纪 80 年代，威廉·赫歇尔成为最早观测到联星系统的天文学家之一，他发表了一份列有数百颗双星的双星星表。

恒星爆发

41 恒星之死

恒星消耗掉自身的核燃料之时就是它们燃烧殆尽之日。维系了它们数百万甚至数十亿年的引力与压力之间的平衡被打破了。随着核聚变引擎的衰退，恒星开始膨胀，并脱去自己的外层结构，其内核会坍缩为致密的壳体，从而产生一颗中子星或白矮星，或是一个黑洞。在某些情况下，恒星由于遭受到严重的破坏，会发生爆炸，变为一颗超新星。

通过将氢原子聚变为氦原子，绝大多数恒星在整个生命周期内都是星光熠熠的。与此同时，自身质量决定了它们会呈现出特有的颜色与亮度。与太阳相仿的恒星会散发出黄色的光芒，并处在主序带的中央位置。大部分恒星的亮度与色调都是相互关联的。恒星会以这种方式存在数百万年，随着年龄的增长，其亮度与膨胀程度只会略微地增大。

然而它们最终将耗尽内核中的氢储备。而且，与直觉相反的是，质量最大的恒星会率先枯竭，因为其内核中的压力与温度更高，所以它们会非常激烈地燃烧，维持其存续的核聚变反应速度很快，因此它们在数百万年内转化掉了自身所有的氢原子。质量较低的恒星燃烧得反而相对缓慢，因此需要数十亿年的时间才能够消耗掉原有燃料。

最后阶段 在恒星中心的核聚变反应停滞的时候，富含氦元素的恒星内核会向内收缩，而且随着重力能的释放，恒星的温度会升高。继而，紧贴着内核的壳层开始发生核聚变反应，并将产生的氦元素倾泻到内核中。最终，内核变得非常致密和炎热——高达 1 亿度——从而开始

大事年表

1572 年
第谷发现了一颗超新星

1604 年
开普勒发现了一颗超新星

第谷超新星

1572年11月初，位于北方天空的仙后座内出现了一颗新星。它由丹麦宫廷天文学家第谷·布拉赫与众多同行一同观测到，是天文史上最重要的发现之一，因为它证明了天空会随时间发生变化。它同时也提高了测量精度，借助它，天文学家能够测量出天体的位置。然而，直到1952年，这颗超新星的残骸才被发现。到了20世纪60年代，天文学家才拍摄到了它的图像。2004年发现，这颗爆炸了的恒星还拥有一颗伴星。

燃烧自身的氦元素。当聚变反应再次开始时，便会触发夺目的“氦闪”现象。经过一系列的反应后，氦原子核结合形成碳12；经过其他同类反应后，还将形成氧16。这就是我们周围存在大量碳元素与氧元素的原因。诸如太阳这样的恒星，燃烧氦元素的时间能够持续1亿年左右。

氦元素被耗尽后，就会发生类似的转换，恒星开始燃烧下一种元素，即其内核中的碳元素，而氦元素和氢元素则会在更里头的壳体中进行聚合。然而，聚合碳元素需要更高的温度和引力。因此，仅有最大型的恒星——质量是太阳质量8倍以上的恒星——能够进入这个阶段。在此过程中，它们变得异常明亮和庞大。最大质量的恒星还会继续燃烧氧元素、硅元素和硫元素，并最终形成铁元素。

对于质量较轻的恒星而言（质量不超过太阳质量的8倍），氦元素消耗殆尽后，后续的势头将会减弱。在内核收缩的过程中，氦元素与氢元素将在外部壳体内继续燃烧，并向恒星内部短暂传输燃料。当核聚变反应开启和结束时，恒星将经历一连串的亮闪现象。在氦元素被倾泻到中心区的过程中，外部壳体会膨胀并发生爆炸。随着内部气体的膨胀，壳体的温度会降低，不能继续承受核聚变反应。因此，恒星将会在四散

1952年	1987年	1998/1999年
发现了第谷超新星的残骸	在麦哲伦云中观测到了一次明亮的超新星爆炸	超新星作为距离指示器被用于推断暗能量的存在

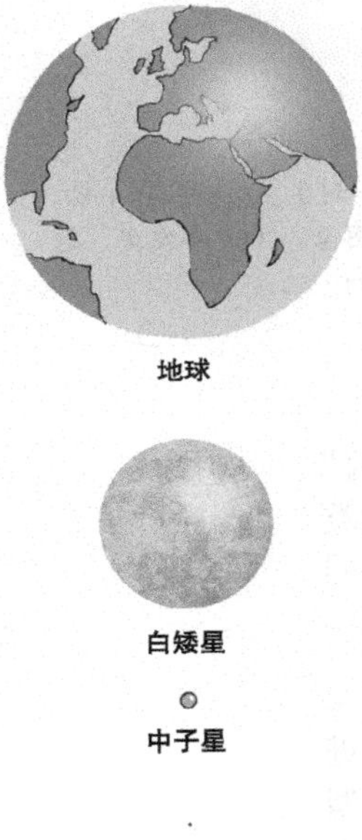

的气体茧中变得模糊不清。这些泡沫状结构被称作行星状星云，因为从远方看去，它们的圆面会被误认为是行星。然而，行星状星云并不是长期存在的，在 2 万年左右的时间内，它们就将灰飞烟灭。在银河系内大约发现了 1500 个这样的行星状星云。

内核挤压 一旦这些外层壳体脱落，恒星内核便会显露出来。当其他物质被燃烧殆尽或被炸毁后，主要由氧元素和碳元素构成的炽热高密度内核会迅速蜕变为白矮星。因缺乏外部的辐射压力，内部物质会坍缩成一个非常坚实、致密的球体，这相当于将太阳的质量装入到半径只有地球半径 1.5 倍的球状空间内，从而导致物质密度高达水密度的 100 万倍。由于白矮星的原子不能被压碎，受到量子电子压力支撑的白矮星不会变为黑洞。它们会保持非常高的温度，表面温度达到 1 万开尔文。由于白矮星的表面积较小，热量无法迅速流失，所以其存在的时间将达到数十亿年。

质量更大的恒星能够被进一步压缩。若残留物质的质量超过了太阳质量（在外部壳体脱落后）的 1.44 倍，那么电子压力将无法抗衡其自身引力，从而使得恒星坍缩为中子星。太阳质量 1.4 倍这条界线被称作钱德拉塞卡极限，以印度天体物理学家苏布拉马尼扬·钱德拉塞卡（1910—1995）的名字命名。中子星的半径仅有 10 千米左右，这相当于将整个或数个太阳的质量挤压进一个长度只有曼哈顿岛那么长的区域。它们的密度极高，糖块大小的物质就重达一亿吨以上。如果引力更大的话，例如，对于最大型的恒星而言，如果进一步压缩，最终将形成黑洞。

超新星 质量巨大的恒星（大小为太阳的几十倍）死亡后，可能会发生爆炸，成为超新星。在氢元素与氦元素被燃烧掉之后，高质量恒星还会经历一系列燃烧阶段，逐步燃烧更重的元素，最终产生铁元素。铁原子核相对特殊，因为它是整个元素周期表中最稳定的原子核。因此，到达这个阶段后，核聚变就无法继续通过产生更重元素的方式来释放能量了。如果尝试这样，能量就会被吸收，而不是释放出去；恒星的内核向内坍缩，经过有电子简并压力支持的白矮星阶段后，变为中子星。然而，当外部壳体落向这个坚硬的中心时，它们会向上反弹，并伴有巨大

“由于尘埃云的遮挡，我们无法观测到超新星爆炸。这种爆炸可能在银河系频繁发生，每十年就会发生一次。不过，中微子的爆发可以为我们提供一条研究超新星爆炸的途径。”

——约翰·诺里斯·巴考，1987 年

的粒子爆炸和光波辐射。

超新星在几秒内释放出的能量比太阳在整个生命周期内所产生的能量还要多上数倍。超新星的亮度极高，使得其所在星系内的其他恒星相形见绌。持续数日或数周后，它便会消失在人们的视野中。

超新星主要分为两类：I 型超新星以及 II 型超新星。高质量恒星产生的是 II 型超新星。由于有外部气体壳层脱落，通常在银河系的悬臂上，每隔 25~50 年，就可以观测到它们展现出的强劲的氢原子发射谱线。1604 年，开普勒在银河系中目睹了最近一次的超新星爆发。然而 I 型超新星并不产生氢原子反射谱线，但在椭圆星系和旋涡星系中均可发现它们的身影。天文学家认为，I 型超新星的形成方式截然不同：在双星系统中，当白矮星通过吸积来自其伴星的物质，压力超出了 1.4 个太阳质量的钱德拉塞卡极限后，会发生热核爆炸，I 型超新星就此形成。

I 型超新星中，还有一种非常重要的子分类，称作 Ia 型超新星。通过跟踪这种星体发生的爆炸情况，可以预测出它的亮度。由于监测 Ia 型超新星明暗能够推断出其固有亮度，它们可被用作距离指示器。它们的亮度超过了各自的宿主星系，所以在整个宇宙中均能够追踪到高红移 Ia 型超新星。因此，超新星可被用作确定暗物质存在的工具。

铁原子核伴随着高质量恒星的死亡分崩离析，同时产生大量的中子。这些中子可用来产生其他比铁更重的元素，例如铅元素、金元素以及铀元素。因此，地球上的所有此类元素均源自超新星。除人造元素之外，元素周期表中的所有元素都源自恒星经历的上述过程。

爆炸的结果

42 脉冲星

脉冲星是正在旋转的中子星，会发射出无线电波。它们是高质量恒星的残骸，坚硬而又致密，而且旋转速度很快，数秒内便可完成一次自转。脉冲星发出的周期性信号——起初被误以为是来自外星生命的摩尔斯电码——让它们成为了准确的时钟，这对于检验广义相对论以及探测引力波至关重要。

1967 年，两位英国射电天文学家捕捉到了一种他们无法解释的宇宙信号。他们的射电望远镜虽然简陋，但开创了一个全新的科学领域。它由长约 190 公里的电线与串联在 1000 根木杆上的 2000 个探测器组成，看上去就像在剑桥郡 4 英亩的空地上拉起了一条长长的晾衣绳。当年 7 月，这台望远镜开始对天空进行扫描，它的笔式绘图仪每天绘制出 30 米长的图表。物理学家安东尼·休伊什门下的博士研究生乔丝琳·贝尔同学对图表进行了仔细的研究，希望搜寻到由于大气层湍流的影响而一闪一闪的类星体。然而，她寻找到的并不是类星体。

观测了两个月之后，贝尔在数据中发现了异常。它与众不同，而且来源于天空中的某个固定位置。仔细观察后，她认识到它是由一系列周期性变化的简短无线电脉冲组成的，每 1.3 秒出现一次。贝尔与休伊什尝试着寻找这个古怪信号的源头。尽管反复、单调的周期性变化表明它可能是人工生成的，但他们确定不会有这样的发射物。它与任何已知的恒星或类星体都没有相似之处。

小绿人 科学家曾一度有个更加匪夷所思的想法：它有可能是外星

大事年表

1967 年

首次捕捉到了脉冲星发出的信号

生物的沟通方式吗？虽然他们并不认为这是外星人的摩尔斯电码，但当时贝尔被进展不顺利的研究搞得焦头烂额，她回忆道："当时，我正准备凭借一项全新的技术获得博士学位，但一些该死的小绿人偏偏选中了我的天线，还用我的频率来和人类交流。"关于此事，天文学家尽管没有声张，但还是做了进一步的观测。

贝尔很快又发现了一个周期为 1.2 秒的脉冲射电源，为其取名为脉冲星。截至 1968 年 1 月，她和休伊什一起找出了 4 个类似的射电源。"不太可能有两组小绿人同时选择同样的、不常用到的频率向同一颗行星——地球——传输信号。"贝尔评论道。贝尔与休伊什更加确定他们探测到了一种全新的天文现象，于是在《自然》杂志上公之于众。

中子星 天文学家对于贝尔与休伊什的发现迅速作出了解释。剑桥大学的同僚弗雷德·霍伊尔认为，脉冲很可能是由超新星爆炸后留下来的中子星发射出的。几个月后，康奈尔大学的托马斯·戈尔德提出了一种更加充分的解释：如果中子星当时正在旋转，那么每转一圈，就会有一束无线电波从观测望远镜前方扫过，类似于灯塔上的灯旋转时，光束展现出的闪烁现象。

诺贝尔奖引发的争议

脉冲星的发现成就了几位诺贝尔奖获得者。1974 年，安东尼·休伊什与另外一位同事、射电天文学家马丁·赖尔共同荣获诺贝尔奖。存在争议的是乔丝琳·贝尔并不在获奖名单之中，尽管是她在博士学位研究项目中率先发现了脉冲星。1993 年，约瑟夫·泰勒与拉塞尔·赫尔斯同样因为发现了首个脉冲联星系统而赢得了诺贝尔奖。

1974 年
发现了脉冲双星

1982 年
发现了毫秒脉冲星

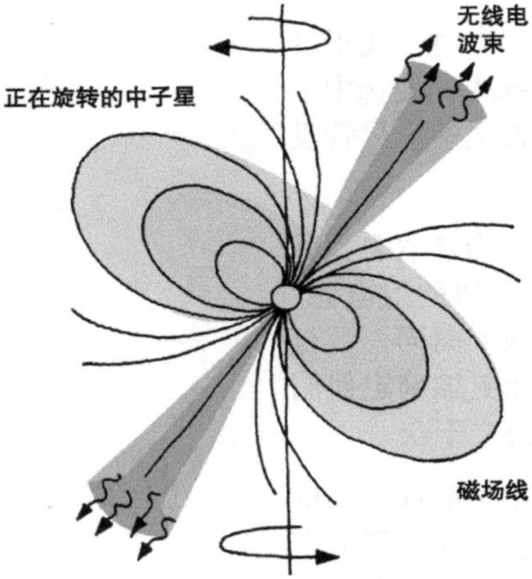

然而，中子星一秒钟能够转一圈这件事仍然是匪夷所思的。戈尔德指出，这是可以实现的，因为中子星的体积很小，直径仅有数十千米。超新星爆炸之后，它们迅速收缩使自身快速旋转，这与花样滑冰运动员收紧双臂时旋转速度会加快是同样的道理。同时，中子星还拥有相当强大的磁场。正是这些特点造就了两条一模一样的无线电波从星体的两端发射出去。随着星体的旋转，无线电波在天空中画起了圆圈。当光束指向地球时，便呈现出了闪烁现象。戈尔德进一步预测，随着能量的流失，脉冲星将会逐渐放慢旋转的速度。脉冲星每年的自转速率确实会降低约百万分之一秒。

引力波 在寻找到数百颗脉冲星之后，天文学家又有了更加重大的发现。1974 年，美国天文学家约瑟夫·泰勒与拉塞尔·赫尔斯发现了脉冲双星：一颗快速旋转的脉冲星每 8 小时围绕另一颗中子星公转一周。该联星系统为爱因斯坦的相对论提供了一块有说服力的“试金石”。由于两颗中子星均非常致密，又离得很近，并且拥有极端的引力场，所以它们提供了一个全新的弯曲时空视角。理论家预计在两颗中子星相互绕转的过程中，会释放出引力波，因此联星系统应该会失去一定的能量。通过寻找脉冲星在周期上和公转中的变化，赫尔斯与泰勒证明了该预测是正确的。

发送给外星人的地图

尽管脉冲星信号并不是由外星生命发送过来的，但脉冲星的特性还是被分别刻在了“先驱者号”的两块金属板和“旅行者号”的一块镀金圆盘上。这些人工制品是发送给有朝一日可能会发现它们的银河系文明的，用以表明地球上存在智能生命。其中，地球的位置是借助地球与 14 颗脉冲星的相对关系表示出来的。

星震

当某颗致密中子星的外壳突然坍缩时，将会引发一场“星震”，相当于我们地球上发生的地震。这是因为中子星向内收缩，逐渐降低旋转速度，从而造成表面变形。由于外壳坚硬、不易弯曲，它会剧烈地震动。在恒星的旋转速度突然下降或者发生突变的过程中，天文学家已经观测到了这种星震。大规模的星震还会引发脉冲星向外喷射伽马射线。包括NASA的费米伽马射线太空望远镜在内的一些人造卫星都能够捕捉到这种伽马射线。

引力波是时空结构中出现的扭曲，并像池塘中的涟漪那样向外传播。物理学家正在地球上建立探测器，来探测时空的挤压，这种挤压是引力波通过的痕迹。然而，观测这种痕迹是极为困难的。从地震引起的震颤到海浪的振动，任何地面上发生的摇动都会对灵敏的感应器造成干扰。未来的航天任务将借助多个位置分散、通过激光联络的飞船来寻找穿越太阳系的引力波。

毫秒脉冲星 1982年，人类发现了另外一类极端的脉冲星。美国射电天文学家唐·巴克尔探测到一颗自转周期只有1.6毫秒（千分之一秒）的脉冲星。它每秒自转641次，旋转速度之快令人叹为观止。天文学家认为它们产生自联星系统。在联星系统中，中子星一边从其伴星那里吸积物质，一边像陀螺一样旋转。毫秒脉冲星是非常准确的时钟，天文学家尝试利用它们来直接探测从它们面前通过的引力波。无疑，在天文学家的工具箱中，脉冲星是一件非常有用的工具。

脉冲星将是新一代射电望远镜的主要观测目标之一。一平方千米天线阵（SKA）是一个由相互连接的天线组成的巨大阵列，将在下一个十年开始投入观测。寻找到成千上万颗脉冲星后（包括银河系中的绝大多数脉冲星），射电天文学家将可以对广义相对论进行验证，同时还可以了解引力波的情况。

宇宙中的灯塔

43 伽马射线暴

伽马射线暴是快速移动的高能光子流，每天都会在天空中出现。这些爆发现象最初是通过军用卫星探测到的，它们绝大多数都与遥远星系中奄奄一息的高质量恒星关系密切。伽马射线暴尽管发生在数十亿光年之外，但亮度却超过普通恒星。它由宇宙中能量最高的一些现象构成。

脉冲星和类星体并非 20 世纪 60 年代发现的天体当中仅有的两个异类。1967 年，正在执行任务的美国军用卫星发现了未知的伽马射线爆发现象，这是最为强烈的电磁辐射形式。Vela 卫星用于监测苏联是否遵守 1963 年签署的《部分禁止核试验条约》（该条约禁止在大气层中进行核试验），装有可探测到核爆炸所产生的伽马射线的探测器。然而，它们观测到的闪烁现象看上去并不像核试验产生的。有关这些高能量爆发现象的数据直到 1973 年才被解密，并在一篇名为“宇宙源头的伽马射线”的学术论文之中公之于世。

卫星探测到的伽马射线剧烈闪烁现象出现在天空中的各个位置。这种现象每天都会发生，持续时间从几分之一秒到几分钟不等。伽马射线暴的亮度是超新星亮度的数百倍，是太阳亮度的十亿倍。那么，是什么引发了如此强烈的闪烁现象呢？

寻找伽马射线暴的源头花费了数十年的时间。1991 年康普顿伽马

大事年表

1967 年

Vela 卫星首次探测到了伽马射线暴

1991 年

康普顿伽马射线天文台发射升空

射线天文台卫星的发射使这项工作开始有了眉目，它探测到了数千个伽马射线暴，并对它们进行了粗略的定位。这种现象在天空中的位置图显示它们是平均分布的（各向同性）。它们并非主要来自银河系的中心或银盘，也不与任何已知的银河系系外天体重合。

这种全天分布的情况表明伽马射线源的位置要么距离我们很近，要么很远。伽马射线并非来自银河系中的恒星爆炸，否则它们就会聚集在银盘中。它们有可能是在银河系内形成的，但更合理的猜测是它们源于银河系之外。它们没有集中在星系密度较高的区域，这一事实表明它们来自非常遥远的地方。因此，它们是宇宙中最为剧烈的现象。谜团愈发难解了。

伽马射线暴分为长持续时间和短持续时间两种形式。长伽马射线暴通常会持续几十秒，短伽马射线暴持续几分之一秒。具有两种等级表明它们形成于两种不同的过程。时至今日，天文学家也只是刚刚开始了解它们而已。

光学余辉 1996年，又有一颗卫星发射升空了——BeppoSax卫星。它能够更加准确地测定伽马射线暴的方位。除了探测伽马射线，这颗卫星还装备了一台X射线照相机，可以搜寻与伽马射线暴同时出现的、处于其他

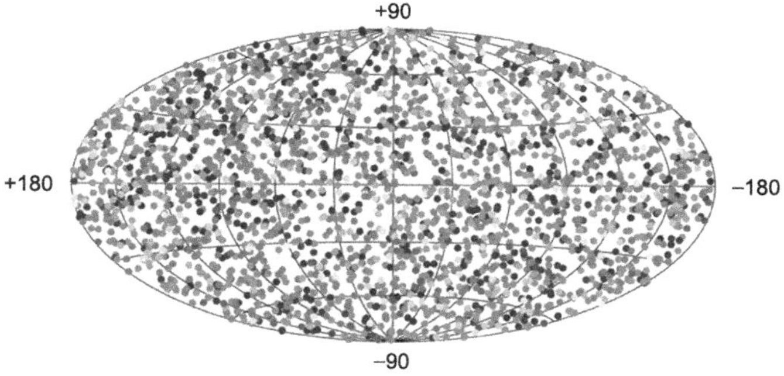

1996年
BeppoSax卫星发射升空

1997年
第一次观测到了余辉

2005年
第一次观测到了短伽马射线暴余辉

伽马射线天文学

绝大多数伽马射线天文学研究是在太空中进行的。然而，最具能量的伽马射线光子也可以通过在地球上开展的试验探测到。当光子与空气分子相撞时，会产生粒子雨和蓝光闪烁，这两种现象均能被探测到。这种蓝光被称为切伦科夫光，是望远镜所能采集到的最具效率的光线。利用这种方法，天文学家已经探测到了来自蟹状星云（内藏有一颗脉冲星）和临近几个活动星系核的伽马射线。尽管对伽马射线的研究十分困难，但天文学家仍然在开发大型望远镜，用以探寻空间中爆发现象最为猛烈的区域。

波段上的光。在地面上，天文学家建立了一个报警系统，以便在伽马射线暴发生后，围绕地球运行的望远镜能够在第一时间指向事发方向，然后寻找那些消逝之前的光学对应体。1997 年，天文学家发现了一种光学余辉，并且将一个非常昏暗的星系确定为其潜在的源头。随后，他们又对其他余辉进行了探测。随着更多卫星的发射升空，特别是随着雨燕卫星和费米伽马射线太空望远镜的发射，天文学家收集到一系列伽马射线暴的对应体示例。对爆发现象迅速作出反应的自动望远镜也已经投入到观测当中。显然，这些伽马射线暴源自一些非常遥远的星系，与地球距离数十亿光年。伴随爆发现象出现的超新星闪耀表明长伽马射线暴与高质量恒星的垂死挣扎是紧密相联的。

冲击波 天文学家认为，恒星内核最终坍缩形成黑洞时，会产生一种冲击波，而伽马射线正是源自这种冲击波。坍缩后接踵而至的爆炸散

“天才与科学打破了空间的限界，仅以推理作为支撑的几次观测就揭示了宇宙的构造。那么，打破时间的界限并通过几次观察就确定这个世界的历史以及人类出现之前的一系列事件，难道不也是人类的荣耀吗？”

——乔治·居维叶

发出了一种接近光速的波，它从恒星周围的残余气体中穿过，在激波阵面的前方生成了伽马射线。同时，在冲击波中还产生了其他形式的电磁辐射，电磁辐射形成的余辉可存留数日甚至数周。

“很多时候，进行一次出色的观测就足够了，正如一个设计合理的试验通常就足以确定一条定律一样。”

——埃米尔·涂尔干

短暂的爆发现象为确认工作带来了更多的问题，因为任何可能在望远镜前消失的余辉都可能会突然转变方向。尽管如此，从2005年起，天文学家已经观测到了一系列伴随短暂爆发现象出现的余辉。然而，这些现象都出现在包括椭圆星系在内的缺乏活跃恒星的区域，这表明短暂爆发现象本质上就是不同的，并不是由高质量恒星的死亡引发的。虽然，它们的起因仍不明朗，但天文学家认为它们可能是在中子星并合时或在其他的高能系统中出现的。通常，伽马射线暴属于一次性的灾难，反复爆发仅发生过几次而已。

粒子束 伽马射线暴释放出的能量比天体物理学中其他任意天体释放出的都要高。尽管位于数十亿光年之外，但它们可以如明亮的恒星般短暂闪耀。天文学家发现很难说清楚在如此短的时间内，它们如何能够释放出那么多的能量。一种可能是在某些情况下，各个方向上的能量并不是平均释放的，而是像脉冲星那样，电磁波最初是以窄射束的形式发出来的。当电磁波束指向我们的时候，我们看到的是高能量的闪耀现象。如果伽马射线源自在磁场中呈螺旋状移动的高速粒子（也许是射电星系的小规模粒子喷流），那么由于相对论效应的作用，它们也可能会被放大。因此，伽马射线暴形成的方式仍有待研究。

伽马射线暴发生在数十亿光年之外，却仍然像临近恒星那样耀眼夺目，我们应该庆幸它们是如此地罕见。如果伽马射线暴出现在我们的周围，那么它可能会把地球烤焦。

巨大的闪耀

44 变星

通过研究天体如何随时间而变化，天文学家对宇宙有了全新的认识。绝大多数恒星的闪耀是亘古不变的。然而，另外一些恒星（称为变星）的物理特性的确发生着变化，导致它们的亮度随之改变。恒星光线的波动方式能够揭示出其内在的很多情况。宇宙是变化之所。

尽管数个世纪以来，彗星和超新星作为天体中的不速之客给人们带来了惊奇，但总体而言，人们仍然认为夜空是一成不变的。然而，1638年，约翰内斯·霍瓦尔达发现了恒星蒭藁增二的周期性脉动现象，这颗恒星在11个月的周期里明暗更迭，这打破了夜空永恒不变的传说。截至18世纪末，人们知晓了包括大陵五在内的一系列变星。19世纪中叶以后，人们发现的变星越来越多。时至今日，人类已经发现了5万多颗变星，绝大多数位于银河系内部，但也有许多是在其他星系中发现的。

脉动 变星的外观多种多样。通过观察某颗恒星的光辐射，天文学家可了解它亮度的升降，即它的光变曲线。周期可能是规则的，也可能是不规则的，抑或介于二者之间。变星的光谱还可以说明它的类型、温度、质量以及是否属于某个双星系统。光谱会伴随着星光亮度的起伏发生改变。谱线能够显示多普勒效应，多普勒效应预示着气壳的膨胀、收缩，或者磁场的存在。一旦掌握了全部证据，就能够推导出恒星变化的原因了。

大事年表

1638年
观测到了第一颗变星

1784年
发现了造父变星

“某种程度上，科学的发展依赖于急剧的或革命性的改变。”

——托马斯·库恩

约有三分之二的变星存在脉动现象，它们在规则的周期内膨胀、收缩。这种变化是由恒星内部相互关联的不稳定性造成的，不稳定性会引发变星的震荡。20 世纪 30 年代，亚瑟·爱丁顿爵士提出了一种由恒星外层电离度变化所引发的脉动模式。电离度与变星温度是息息相关的。当外层膨胀时，它们的温度会降低，并变得更加透明，恒星容易辐射出更多的能量，从而开始收缩。收缩将导致气体温度再次升高，并使得恒星再次开始膨胀。该过程就这样周而复始，循环往复。

造父变星 这种模式解释了造父变星（一种重要的变星类型，可用作距离指示器）出现脉动现象的原因。值得一提的是，造父变星的光变循环是由氦气的电离度变化驱使的。双电离的氦要比单电离的氦更加不

类星体光变

光变不仅局限于恒星。许多类星体也具有光变现象。它们的光变，连同电磁波频谱中一成不变的亮度，已经成为天文学家寻找它们的一种途径。类星体光变可能是由于被吸积到中央特大质量黑洞上的物质数量变化造成的，也可能是由于其吸积盘上的热点亮度改变造成的。类星体表现出的最快光变周期反映了产生光线区域的大小。例如，如果类星体在数日内光变一次，那么根据估算，该结构的最小长度能够达到一光日，这样光才能在那段距离内连续传输。

1908 年
计算出了造父变星的周光关系

1924 年
造父变星被应用于测量仙女星云的距离

2014 年
大型巡天望远镜投入使用

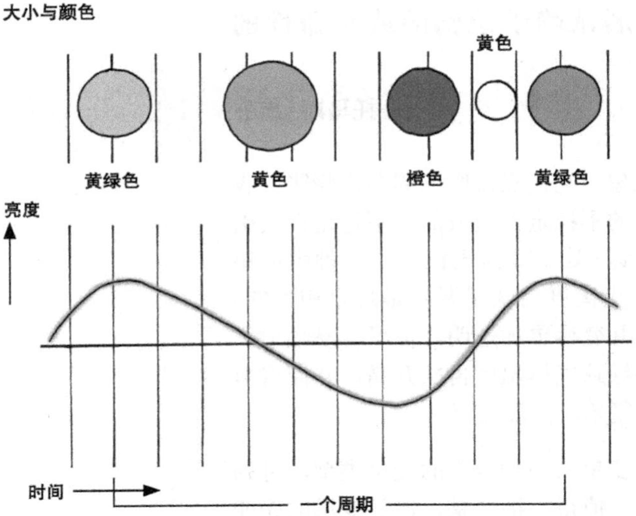

透明，由此光变循环会引发透明度与温度的变化。该循环周期与恒星的亮度关系密切。

造父变星是亮度很高的高质量恒星，其质量通常是太阳质量的 5~20 倍，亮度最高可达太阳亮度的 3 万倍。它们的周期可能有数日甚至数月的变化，其间，半径变化幅度将近原有半径的三分之一。造父变星的亮度以及可预测的光变现象意味着它们在 1 亿光年之外仍然是可见的。因此，在临近的星系内，天文学家能够追寻到它们的踪影，并确定它们的亮度。于是它们成了天文学家得心应手的距离指示器。

1784 年，天文学家发现了造父变星，它因典型星体仙王座 δ 星而得名，其中北极星是造父变星的杰出代表。1908 年，根据对麦哲伦云中的造父变星所作的观测，哈佛大学天文学家亨利爱塔·勒维特发现了周光关系。造父变星是确定银河系大小以及其他星系距离的重要因素。1924 年，埃德温·哈勃利用它们计算出了仙女星系的距离，成功证明该星系位于银河系之外。同时，在利用哈勃定律测量宇宙膨胀率的过程中，造父变星也扮演着至关重要的角色。

“19 世纪发生的改变要多过此前的几千年。20 世纪发生的改变又会让 19 世纪的那些改变相形见绌。”

——赫伯特·乔治·威尔斯

天空电影

未来，时变天文学研究将变得司空见惯。人类对天空的检视将不再是浏览一连串的快照，而是像观看电影那样。正在设计之中的下一代望远镜——既有光学望远镜，也有射电望远镜——将会提供连续的天空观测视图，搜寻新型光变天体将成为可能，甚至还会有更多意外发现。大型巡天望远镜就属于此类新型望远镜，预计2014年将在智利投入使用。借助直径达8.4米的主镜以及宽阔的视域，它将在一周之内巡视整个天空两次，每晚拍摄800幅照片。10年内，它将对每一寸天空进行观测，为几十亿颗恒星以及数十亿个星系拍摄图像。除了变星与类星体外，它还可以捕捉到大量的超新星用于暗能量的试验工作。

造父变星是一种本质意义上的变星。此类星体是由物理结构上的改变导致的光变。造父变星的光变是通过脉动形成的，而其他变星可能是由于表面的喷发或闪耀现象才表现出的光变。还有一些星体的变化是由能够导致爆炸的极端过程引发的，比如激变变星、新星以及超新星。相反，非本质意义上的变星会表现出由围绕其公转的伴星所造成的遮掩现象；或者这类星体表面上可能存在明显的印迹，如巨大的太阳黑子，会随着恒星的旋转引发光变。大多数变星类型是以它们典型代表的名称命名的，比如天琴座RR型变星。这类变星与造父变星类似，但较为昏暗。再比如米拉变星，它们的光变是由氢电离度的改变而非氦电离度造成的。

全天电影

45 太阳

作为距离我们最近的恒星，太阳身上仍然有许多未解之谜。虽然核聚变过程以及恒星的结构已经大白于天下，但是太阳磁场的变化仍然无法预见。在11年的活动周期内，太阳常遭受不规律耀斑与太阳风的侵袭。这些现象会在地球上"绘制"出美丽的极光，扰乱人类的电子通信系统，并对气候造成影响。

古希腊人认识到太阳是一颗巨大的火球，它位于距离地球非常遥远的地方。然而，直到16、17世纪，天文学家才证明了地球围绕太阳运动，而非太阳围绕地球运动。17世纪，望远镜的出现让人们发现了太阳表面运动着的暗斑，即太阳黑子。伽利略·伽利莱观测到了这些黑子，并认识到它们是发生在太阳表面的风暴，而不是地球与太阳之间的浮云。19世纪，通过对太阳光谱中暗吸收线的甄别，天文学家确定了太阳的化学成分。但直至20世纪原子物理学方兴未艾的时候，我们才了解了太阳的能量来源于核聚变。

太阳球体内蕴藏的质量占整个太阳系总质量的99.9%。该球体直径约是地球直径的100倍。它距离地球1.5亿千米，其光线到达地球需要8分钟。在太阳的质量中，约有四分之三为氢元素，其余为伴有氧元素、碳元素、氖元素、铁元素等较重元素的氦元素。它之所以燃烧是因为其内核中的氢元素正在核聚变为氦元素。太阳表面的温度为5800开尔文，是一颗黄色的G2级恒星，平均亮度达到了主序星的范畴。此外，它100亿年的寿命已经过去了将近一半。

大事年表

1610年 伽利略公布了利用望远镜观测到的结果

1890年 约瑟夫·洛基尔在太阳光谱中发现了氦元素

1920年 亚瑟·爱丁顿提出核聚变反应为太阳提供能量

“在快速围绕太阳公转的过程中，地球拥有巨大的生命活力。一旦将这种力转化为热能，其温度至少比烧红的铁块高上一千倍，我们脚下的地球很可能会变得像太阳一样闪耀夺目。”

——詹姆斯·普雷斯科特·焦耳

太阳的结构 太阳的结构呈洋葱状。在中心占内侧四分之一半径的是灼热、致密的核心。核聚变反应在此发生，释放的能量相当于每秒钟消耗掉400万吨的煤气，或是每秒钟引爆数百亿兆吨的TNT炸药。核心地带的温度高达1400万开尔文。核心的上方是辐射区，介于太阳四分之一半径与十分之七半径之间。核心内的能量以电磁辐射的形式（光子）穿过这个区域。越靠近辐射区的外部，温度越低，从700万开尔文下降到了200万开尔文。

位于辐射区之上，从太阳十分之七半径到表层之间的是对流区。从下方冒出的热量使这里的气体向表面喷涌，然后再向下急坠，就像锅中煮沸的开水一样循环往复。在这个区域里，热量迅速流失，导致表面温度下降到了5800开尔文。在太阳表面，覆盖着一个薄层——光球层，它的深度只有几百千米。

表层上方稀薄的气体构成了太阳的大气层。这在日全食发生时是可见的。它由5个区域构成：温度极小区，温度较低、深度达500千米；色球层，炽热的电离区域，深度达2000千米；200千米深的过渡区；广阔的日冕层，从太阳向外延伸，生成太阳风，温度高达数百万度；日光层，这是一个充满了太阳风的气泡，延展到太阳系的边缘。2004年，

1957年	1959~1968年	1973年	2004年
伯比奇等人提出了恒星核合成理论	NASA发射的“先驱者号”探测器观测到了太阳风和磁场	“天空实验室”发射升空并观测到了日冕	“起源号”空间探测器捕捉到了太阳风粒子

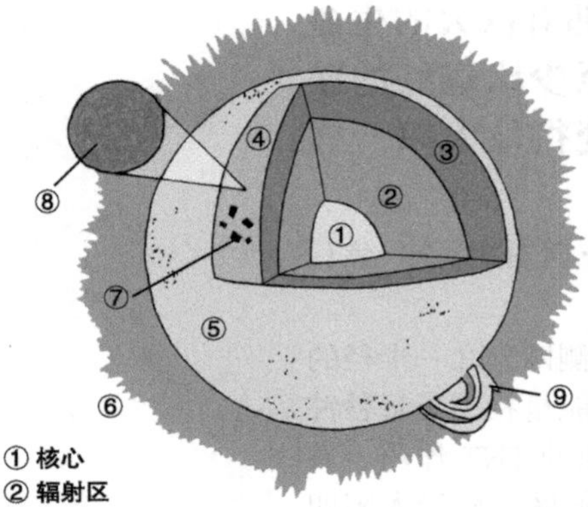

① 核心
② 辐射区
③ 对流区
④ 光球层
⑤ 色球层
⑥ 日冕
⑦ 太阳黑子
⑧ 米粒组织
⑨ 日珥

“旅行者号”航天器穿过了该气泡的边缘，并途经了日球层顶的激阵前沿。

太空天气 太阳拥有一个强大的磁场。它每11年转换一次方向——形成了太阳活动周期——并且经历不断的变化。当太阳磁场特别活跃时，太阳黑子、太阳耀斑以及太阳风暴现象会更加频繁地出现。这种大爆发释放出的粒子云会在太阳系中呼啸飞驰。到达地球后，它们会被地球自身的磁场导入高纬度地区，在那里如绚丽夺目的极光般闪耀。强劲的粒子爆发是极具破坏性的，能够造成通信和电力的中断。1989年，在加拿大的魁北克就发生过类似的事件。

太阳黑子是在太阳表面形成的强磁场漩涡。它们绵延数千千米，显得黯淡无光，这是因为它们的温度低于周围沸腾的气体。当磁场活动达到顶峰时，太阳黑子数量会增加，每11年左右涨落一次。不正常的太阳活动周期会影响地球上的气候。令欧洲气温骤降的小冰期，在时间上恰好与太阳活动周期停滞的几十年相吻合，在这期间，天文学家几乎没有观测到太阳黑子。2010年前的数年间，太阳进入了一个安静的阶段，其亮度略有下降，而且它的磁场、太阳黑子的数量以及太阳风的强度均低于平均值。

“起源号”

由于只有太阳外层会吸收光线，人类对其内部的化学特性知之甚少。一艘被命名为“起源号”的空间探测器收集到了太阳风中的粒子，可用于测量太阳的结构。2004年，搭载了太阳风粒子样本的“起源号”返回地球。虽然该探测器由于降落伞故障，在内华达州的沙漠中坠毁，但天文学家仍设法把其碎片拼接在了一起，对来自太阳的粒子进行了分析。

> “告诉我白天照耀着的强光叫什么名字，晚上闪烁着的弱光叫什么名字……”
>
> ——威廉·莎士比亚

谜题 太阳是进行恒星物理学研究的最佳对象。尽管我们已经知道了太阳的工作原理，但仍有许多谜题有待解答。最新解开的一道谜题是太阳中微子的消失之谜。在氢核聚变为氦的过程中产生了被称作中微子的粒子副产品。太阳本应释放出大量这种粒子，然而，物理学家能够观测到的中微子数量还不到预期数量的二分之一。那么，其余的中微子去了哪里呢？由于中微子几乎不与物质发生相互作用，人类难以探测到。2001 年，加拿大萨德伯里中微子天文台给出了答案：数量不足是因为这种中微子离开太阳后变异为其他类型的中微子。物理学家已探测到了其他类型的中微子，如 τ 子中微子与 μ 子中微子，从而证明了中微子在这些类型之间“徘徊”，且拥有可测的质量（而非之前认为的无质量），只不过质量很小。太阳中微子数量的问题就此迎刃而解。

百万度日冕的加热机制是另一道尚未解开的谜题。光球层的温度仅有 5800 开尔文，所以日冕的热量并非来自太阳表面的辐射。到目前为止，最为合理的猜测是在日冕等离子体中弥漫的磁能。随着磁力线的中断和爆裂，在穿越气体的耀斑以及磁波中产生了热量。

太阳的宿命 太阳目前约有 45 亿岁，正值生命周期的中段。在未来的 50 亿年间，它将耗尽核心地带中的氢元素，并膨胀为一颗红巨星。其臃肿的外层将会延伸至地球的公转轨道内，届时太阳的半径将是目前的 250 倍。虽然随着太阳质量的流失，恒星受到的引力束缚可能会减小，从而漂移到更加遥远的轨道上去，但是地球仍在劫难逃。海洋和其他水域将会被蒸发殆尽，大气层会消失。即使是现在，太阳的亮度也正以每 10 亿年增加 10% 的速度递增，因此地球生命可能会在约 10 亿年的时间内灭绝。太阳最终将变为一颗白矮星，而且由于气体层脱落，它看上去会像一个行星状星云。只有太阳核心会被保留下来。

距离我们最近的恒星

46 系外行星

如今，除了太阳系内的行星之外，人们又知晓了数百颗围绕恒星旋转的行星。根据它们给各自母恒星的光谱带来的变化，天文学家发现绝大多数行星均是木星这样的气态巨行星。然而，各种航天任务也在积极寻找那些像地球一样适宜居住的、体积较小的岩石态行星。

寻找围绕其他恒星公转的行星（系外行星）已成为天文学领域可望而不可及的一件事。鉴于银河系中有如此多的恒星，太阳系似乎不太可能是唯一一个行星系。但是，探寻围绕明亮的遥远恒星进行公转的黯淡天体是十分困难的，直到 20 世纪 90 年代，才首次发现系外行星。当时，与望远镜相关的各种仪器已经十分先进，足以找到系外行星了。随后，探测工作如雨后春笋般开展了起来。目前，已经发现了 400 多颗系外行星。

除了一些位于脉冲星附近的行星是依靠射电天文学技术发现的，其他大部分系外行星都是通过其在恒星光谱中留下的印迹被发现的。1995 年，日内瓦大学的米歇尔·迈耶与迪迪埃·奎罗兹率先进行了此项观测。当时，他们完善了搜寻星光波长所表现出的轻微变化的方法。这种变化是由行星作用在恒星上的引力效应导致的。

行星的发现 由于两个质量巨大的天体围绕着共同的质心相互旋转——该质心靠近质量较高的天体，而非位于二者中间或者某一方的中心——拥有行星的恒星会随着行星的运动在一个小型圆形轨道上移动。

大事年表

1609 年 开普勒提出了星球公转轨道为椭圆形的理论

1687 年 牛顿利用引力解释了开普勒定律

1781 年 威廉·赫歇尔发现了天王星

1843~1846 年 亚当斯与勒威耶预测并找到了海王星

“人类极目远眺的时代终会到来。届时，人们将会看到很多诸如地球这样的行星。”

——克里斯托弗·雷恩爵士

恒星的这种变化能够借助其散发出的光芒中存在的多普勒效应捕捉到：当恒星远离时，它的光偏红；当它靠近时，看上去会有一些偏蓝。因此，即使我们观察不到行星本身，但当它的质量造成恒星前后摇摆时，我们也能够探测到它的存在（见第 8 章）。

目前，绝大多数已知的系外行星都是利用多普勒效应法找到的。理论上，我们可以将行星的这种摇摆变化直接当做其位置发生的小幅变化。然而，由于恒星的距离过于遥远，这种精确的测量难以实现。另一种方法是，当行星从恒星前方通过时，观察恒星表现出的有规律的亮度降低现象。诸如地球这样的行星，一次可以遮挡一小部分恒星射出的光线（约万分之一）数小时。如果坚持不懈地探测，那么这种亮度下降必

开普勒任务

美国国家航空航天局于 2009 年发射升空的“开普勒号”航天器主要用于寻找类地行星。它拥有 0.9 米口径的望远镜，不间断地检视着含有 10 万颗恒星的大片天空（105 平方度）。一旦有大小与地球相仿的行星从任何一颗恒星前方通过，造成其亮度略有下降，这种情况就会被捕捉到。该观测任务试图用三年半多的时间探测出数百颗这样的行星，或者如果发现得很少，就对此类行星的数量确定个上限。

1930 年
克莱德·汤博发现了冥王星

1992 年
在一颗脉冲星附近首次发现了系外行星

1995 年
首次利用多普勒法找到了系外行星

2009 年
“开普勒号”太空探测器发射升空

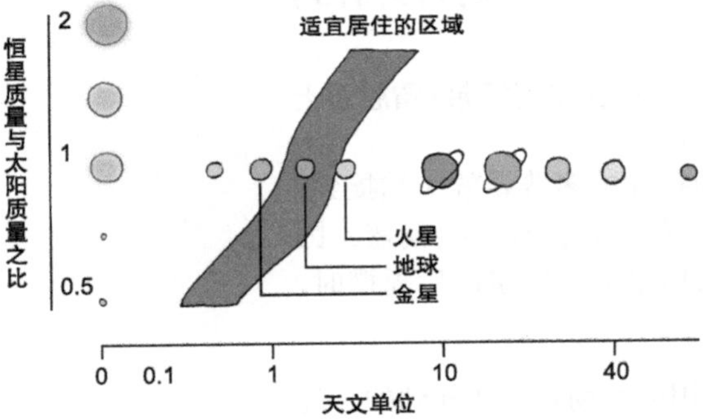

定会重复出现，周期可能持续数日、数月甚至数年。一旦利用这种方法测量出了某颗行星的公转周期，便能够借助开普勒第三定律计算出它的质量。到目前为止，根据这种方法，天文学家已经发现了一定数量的行星。

不同的探测方法适于寻找不同类型的行星。多普勒法对于木星这样体积较大的行星最为适用，因为它们公转时与母恒星距离很近，从而施加了最大的拉力。凌日法能够追踪到相对遥远、体积较小的行星，包括类地行星，但天文学家需要对恒星散发出来的光芒进行长期的、高敏感度的观测。这种观测最好在太空中，在地球湍流大气层之上完成。目前，许多航天任务都在使用凌日法，包括美国国家航空航天局于 2009 年发射升空的“开普勒号”航天器。

炽热的木星 在目前探测到的数百颗行星中，绝大多数是气态巨星，与各自母恒星之间的距离非常近。它们的质量与木星相仿，几乎全是地球质量的十倍以上，但围绕各自母恒星公转的轨道半径很短，比水星与太阳之间的距离还要短。这些“炽热的木星”通常几天之内便完成一次公转，并且，由于靠近母恒星，它们的大气层非常炎热。据观测，行星拥有一个较热的白天半球（面向恒星时，温度达到 1200 开尔文）和一个较凉爽的夜晚半球（背对恒星时，温度约为 970 开尔文）。天文学家已经在系外行星大气层的光谱中探测到了水、钠、甲烷以及二氧化碳。

系外行星被定义为质量太小不能发生氘聚变的、正在进行公转的天体。它们的大小不足以触发爆炸变为恒星。实际上，最大的系外行星约为木星质量的 13 倍。大于核聚变界限的不活跃气态星球被称作棕矮星。除了太阳系内行星的典型规模以外，系外行星的质量没有下限。它们可能是木星和土星这样的气态巨星，也可能是地球和金星这样的岩石态天体。

> “唯一的异域行星就是地球。”
> ——詹姆斯·格拉汉姆·巴拉德

系外行星的数量约为目前已知主序星数量的 1%，所以它们是普遍存在的。即使这个统计数字是一个较低的估计值，因为观测基础似乎是炽热的木星，但这也预示着在拥有 1000 亿颗恒星的银河系内肯定存在着数十亿颗行星。一些恒星较之其他恒星更有可能成为行星的宿主恒星。类似太阳（光谱分类为 F、G 或者 K）的恒星很可能成为这样的恒星，而矮恒星（M 类）与明亮的蓝色恒星（O 类）的可能性较小。光谱表明自身具有更多重元素（如铁元素）的恒星拥有行星的可能性较大，而且是质量较大的行星。

许多已知的系外行星的轨道都很极端。公转速度最快的行星，不到 20 天就围绕母恒星旋转一周，它的轨迹近似于圆形，与在太阳系内观测到的类似；公转周期长一些的行星轨道偏向于椭圆，而且有时轨道相当长；而那些轨道始终在延伸没有成环的行星则难以解释。尽管如此，值得注意的是，适用于太阳系的物理学原理同样适用于这些遥远的行星。

适宜居住的地带 为了绘制出其他恒星的行星系统，天文学家希望找到那些质量较低、与母恒星之间的距离大于炽热木星轨道半径的行星。因此，质量和相对母恒星的位置与地球类似的岩石态系外行星，即所谓的类地行星受到了特别的关注。在每颗恒星周围都有一个“适宜居住的地带”，恒星与其母恒星保持这样的距离，其温度才适宜液态水存留，因而才有可能存在生命。如果行星的距离近一点点，其表面的水分就会蒸发殆尽；如果远一点点，水将会凝结成冰。这个关键的距离取决于恒星的亮度——适宜居住的行星距离明亮的恒星较远，距离昏暗的恒星较近。

在最近的 20 年间，天文学家确实掌握了有关行星的大量知识。但那个可望不可及的“圣杯”——在遥远恒星周围找到一颗类似于地球这样的行星——仍然有待他们探寻。然而，随着技术的进步与观测准确度的提高，将整个系外行星系统绘制出来是迟早的事。

另外的世界

47 太阳系的形成

45亿年前，太阳于一片巨大的气云中诞生。与其他由分子云积聚而成的恒星无异，太阳同样是由浩如烟海的氢元素、氦元素以及少量的其他元素受引力作用慢慢产生的。而行星则是在余下的残骸中形成的。吸积与碰撞决定了它们的体积以及在“宇宙撞球游戏”中的位置。

18 世纪，当日心模型获得人们的认可后，关于太阳系起源的质疑就产生了。1734 年，伊曼纽·斯威登堡提出太阳和行星形成于一个巨大的气云，即星云假说。后来，康德与皮埃尔－西蒙·拉普拉斯将这一假说发展壮大。虽然不是百分之百地正确，但自此以后，这一假说有了很大的发展。如同其他恒星源自分子云（例如猎户星云）一样，太阳也必定是在富含氢元素、氦元素以及少量其他元素的分子云中积聚而成的。

前太阳分子云可以绵延数光年之距，包含足以产生数千个太阳的气体。在这片云中，太阳不应该寂寞。富含一种质量较重的铁同位素（Fe-60）的陨石证明，星云受到了来自临近超新星喷出物的污染。因此，太阳可能是与其他一些高质量恒星共同成长起来的，那些恒星可能在太阳系形成之前就已经夭折或者爆炸了。

由于引力的作用，太阳从云中一个密度极高的区域逐渐发展而成。在 10 万年的时间里，它变成了一颗原恒星——炽热、致密的气态球体，但没有经历核聚变反应。由气体和尘埃组成的星周盘环绕在它的四周，

大事年表

1704 年

首次使用“太阳系”这个词语

彗星撞击

1994年7月16日至22日，苏梅克－列维9号彗星坠入了木星的大气层。这是人类第一次目睹太阳系内的两个天体发生碰撞。地球上和太空中的绝大多数天文台均观测到了这次撞击过程。在彗星接近木星的瞬间，它的彗核至少被分解成了21个部分，长达两千米。天文学家看到了碎片逐一与大气层发生碰撞，产生了烟柱和火球。

星周盘向外延伸的距离是地球目前半径的数百倍。大约5000万年以后，太阳启动了核聚变引擎，它也因此迈入了主序星的行列。

行星的形成 行星是由星周盘中汇集到一起的残骸形成的。先是微小的颗粒相互结合、结块，制造出直径达数千米的天体，然后这些天体碰撞并粘连在一起。因此，行星的胚胎愈长愈大。与此同时，附近有恒星正在形成的盘状区域中的物质会逐渐消失。

正在形成的太阳系的内部温度很高，因此水这样易挥发的化合物是无法在那里积聚的。岩石态、富含金属的行星形成的基础是高熔点化学物质，如铁、镍以及铝的化合物与硅酸盐，这是现在在地球上看到的火成岩的矿物质成分。类地行星（水星、金星、地球和火星）由小型天体

“由于引力的作用，太阳从分子云中一个密度较高的区域逐渐发展而成。超大密度区域将在自身重力的作用下垮塌，它的成长是由于引力吸引了更多的气体。”

——第谷·布拉赫

1734年

斯威登堡提出了星云假说

1994年

彗星撞击木星

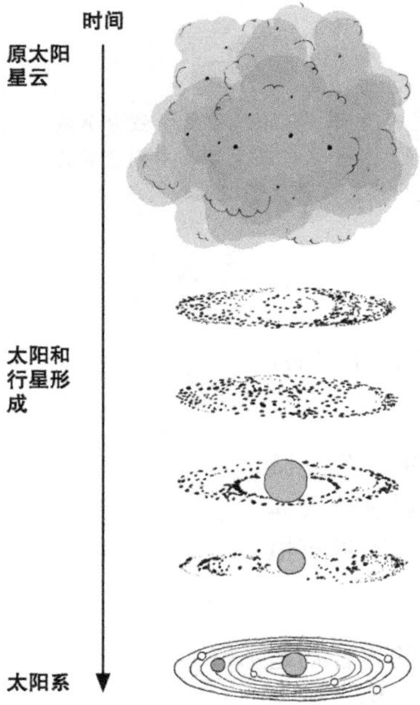

的并合稳步发展而来。人们认为带内行星形成的位置要远于它们现在所处的位置。由于盘中残留气体（最终会被驱散）的引力作用，行星的运行速度减缓，因此轨道会向内收缩。

庞大的气态行星（木星、土星、天王星、海王星）形成于“冰线”（易挥发的化合物以冰的形式存留在此处）以外。这些行星的体积很大，足以涤荡掉由氢和氦构成的大气层，这四颗行星的质量之和就占据了围绕太阳运动的所有物质总重的99%。此后1000万年，年轻的太阳吹散了盘中所有的无关气体，因此行星开始保持原状，停止“生长”。

起初，人们认为大部分行星都是在我们现在观测到的位置处形成的。然而，进入20世纪后，天文学家认识到事实并非如此。他们提出了新的理论，认为由于在“宇宙撞球游戏”中发生了碰撞，事实上行星在位置上有很大的改变。

重大的影响 当带内行星几乎全部形成时，区域内仍然散落着数百个大小与月球相仿的行星胚胎。这些胚胎与已经建立起来的恒星发生碰撞，产生了重大的影响。我们知道此类事件发生过：在一次撞击中，地球得到了它的卫星；在另外一次撞击中，水星失去了它的外壳。这种碰撞频繁发生，主要原因可能是行星过去的公转轨道比现在长。因此，它们频繁地与小型天体不期而遇。此后，也许是经过连续的撞击，也许是受到了残骸的引力作用，轨道开始规范化，变得接近于圆形了。

火星与木星之间的小行星带碎石可能就是某颗行星经过多次碰撞，最终粉身碎骨后的残骸。由于受到太阳系内最大行星木星的引力作用，这个区域特别容易发生混乱。当木星轨道发生变化时，会引发大范围的混乱。引力的“共振”会扰乱轨道的内部区域，由此引发的碰撞将那里的行星击碎，留下四分五裂的小行星。一些来自小行星带的冰态小行星

陨石

陨石由宇宙中的残骸构成，包括来自太阳系早期的残留物以及行星碎片。陨石主要分为三大类：一类是富含铁元素的铁陨石，它来自粉碎了的小行星的内核；一类是主要由硅酸盐构成的石陨石；还有一类是这两类的结合体，即铁石陨石。这些深色石头中的矿物质含有多种同位素。此类同位素的比例可用作宇宙时钟，根据它们的放射衰变率，可计算出陨石形成的时间。将这些时间串联起来，能够确定太阳系各组成部分分布和组合的方式。

可能坠入地球轨道内，为年轻的地球带来了水。此外，地球上的水也有可能来自彗星。

木星以及其他外行星在形成过程的后期，位置发生了巨大的变化。位于最外侧行星半径范围内的星周盘温度太低，而且非常分散，难以形成体积较大的星体。因此，天王星、海王星以及包括冥王星和彗星在内的柯伊伯带天体最初形成时必定离太阳很近，后经引力作用被抛了出去。海王星甚至可能形成于天王星的轨道内，然后又移了出去。一种可能的解释是，在太阳系诞生5亿年后，有一次轨道疏远的过程。当时，木星公转速度是土星的两倍，产生的共振潮汐涟漪在整个太阳系中环绕。海王星被推了出去，而小型的冰态天体则散落在了柯伊伯带中。

“创造一粒原子只需不到一个小时的时间，创造恒星与行星要花费几亿年的时间，而创造人类却要用去50亿年的时间。”

——乔治·伽莫夫

最后的轰炸 在外行星变动位置的过程中，大量小行星被抛入内太阳系。当时，类地行星的轨道相对稳定，主要的碰撞也已经偃旗息鼓。然而，一段被称作“晚期重轰炸”的时期却接踵而至。在这期间，月球表面形成了许多撞击坑，其他行星的表面也变得伤痕累累。37亿年前，在这番轰炸停止后，地球上首次出现了生命的迹象。

宇宙的撞球游戏

48 卫星

除水星和金星外，太阳系内几乎所有的行星均拥有一颗或多颗卫星。许多诗人曾赞叹过月球之美，但是想象一下，假如天空中悬挂着50多个月亮，地球就像土星和木星一样拥有许多个卫星，那将是一个多么不可思议的场景啊。卫星有以下三种形成方式：在现在所处的位置上，从宿主行星周围由气体和岩石构成的盘状结构中发展而来；捕获途经的小行星；宿主行星与其他天体发生剧烈碰撞，从中分离出卫星。这种撞击的方式可能是月球的成因。

带外行星的体积十分庞大，它们将围绕其旋转的残骸保留了下来。木星、天王星与海王星均拥有环状结构，而目前土星的环是最大的。自17世纪伽利略利用望远镜窥探到它们之日起，土星环便让天文学家绞尽了脑汁。数千个环围绕在土星的四周，距离土星将近30万千米，并且全部位于一个厚度仅有1千米的薄面上。这些环由数十亿颗小冰块组成，冰块的体积从糖块大小到房屋大小不等。

土星拥有50多颗卫星，每个都很独特。最大的一颗名叫泰坦（土卫六），于1655年由荷兰天文学家克里斯蒂安·惠更斯发现。它拥有一个厚厚的橙色大气层，主要由氮元素构成。伊阿珀托斯（土卫八）一面较亮，另一面则较暗，这是因为当它从环状物质中穿过时，冰覆盖住了它的正面。米玛斯（土卫一）的一端有一个巨大的撞击坑，源自曾经发生的一次撞击事件。恩克拉多斯（土卫二）卫星表面下方区域非常活跃，会从其冰火山中喷涌水蒸汽柱。此外，天文学家还发现了数十颗小

大事年表

1655年
惠更斯发现了泰坦

1969年
“阿波罗”计划将人类送上了月球

型卫星，由于在形成过程中吸积冰状碎片，它们大多数在行星环系统中都制造了缺口。

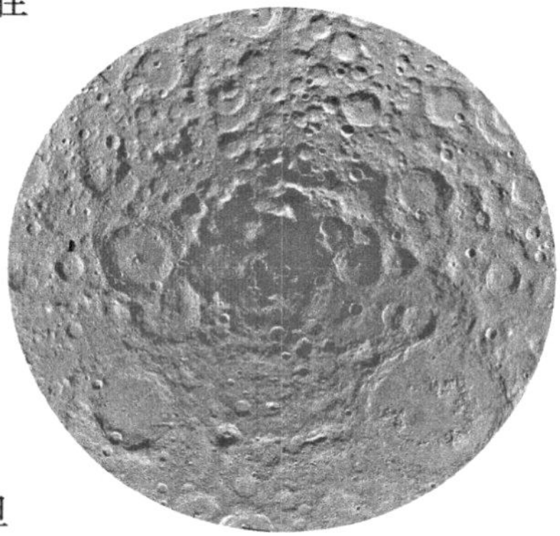

带内行星的体积太小，不能从残骸环中形成卫星，但它们还是捕捉到了各自的卫星。火星的卫星得摩斯（火卫二）与福波斯（火卫一）就被认为是其捕获的小行星。相比之下，月球的产生相当暴力。在早期的太阳系内，随着行星胚胎的形成，许多较大的天体在它们周围不断发生撞击。其中，途经的一颗小行星被认为直接撞到了地球。月球就是那次碰撞的产物。

大碰撞说 尽管关于月球起源之谜一直众说纷纭，但直到20世纪70年代“阿波罗”计划开始实施后，它才再次吸引了人们的目光。宇航员将岩石和地质信息带回了地球，并在月球表面放置了捕捉地震信号和反射激光的探测器，藉此准确测定月球与地球之间的距离。他们发现月球正在以每年38毫米的速度远离地球，此外，它有一个体积相对较小、处于半熔融状态的月核。月球外壳的组成成分与地球上的火成岩很相似。

曾经很长一段时间，科学家都认为月球是与地球同时形成的，认为当时一滴熔融的岩浆被抛了出去，形成了月球。然而，月核的体积较小，地核占地球半径的50%，而月核仅占月球半径的20%，这表明其中另有缘由。如果月球是与地球同时形成的，那么它的核心应该更大才合理。1975年，威廉·哈特曼与唐纳德·达韦斯提出了一个另类的假说，认为其他天体与地球发生了近乎灾难性的碰撞，从而创造出了月球。

“公元1969年7月，来自地球的人类首次踏上月球。我们代表全人类出于和平的目的来到此地。”

——登月纪念牌上的文字，1969年

1975年

大碰撞说提出

1996年

“克莱门汀号”卫星在月球上侦测到了水

2009年

月球坑观测和传感卫星与月船卫星确定了水的存在

潮汐与轨道锁定

每晚，月球均以同一面示人，这是因为它围绕地球公转的周期与围绕月球轴心自转的周期相等，约为 29 天。潮汐的作用造成了这种同步性。月球引力扭曲了地球的流体面，在面向它的海面上拉伸出一个隆起。在地球的另一侧，情况同样如此。这些膨胀的隆起部分是潮汐作用的结果。潮汐随着月球围绕地球的运动发生着改变。然而，它们还扮演着月球之闸的角色：如果月球与地球以不同的速率旋转，那么隆起部分的引力效应将会把月球拽回到同样的速率上去。

据推测，大约 45 亿年前，一个大小与火星相仿的天体——被称作忒伊亚——在太阳系形成 5000 万年后，与地球发生了碰撞。撞击十分惨烈，几乎将“羽翼未丰”的地球撞得粉身碎骨，产生的热量融化了两个天体的外层。忒伊亚沉重的铁质核心与地核融为一体，而较轻的地幔和外壳则散落到了宇宙空间中。这些物质结合在一起，形成了月球。

大碰撞说很好地说明了为何偌大的月球却只拥有如此小的铁核。月球的平均密度（3.3 克 / 立方厘米）比地球（5.5 克 / 立方厘米）低，这是因为其缺乏质量较重的铁元素。在月球上的岩石中，各种氧元素同位素的比例与地球上的几乎一模一样，这说明它们形成于同一区域。相反，火星上的岩石以及形成于太阳系其他区域的陨石的成分则大相径庭。根据对大碰撞说进行的计算机模拟，这种推测是合情合理的。

更多的证据显示月球表面曾一度处于熔融状态，构成了岩浆海洋。质量较轻的矿物质目前已经漂浮到了月球表面，而根据预期只有在液态阶段，结晶才会浮到表面上来。各种放射性同位素的比例（它们的衰变时间可用于测量矿物质的年龄）表明，月球表面慢慢地冷却了下来，也许这个固化的过程持续了 1 亿年。然而，月球与地球仍然存在一些不一致性。月球上易挥发元素的比例与地球不同，且缺乏铁元素。另外，也没有以不常见同位素或外来岩石残留物的形式存在的忒伊亚星球的痕迹。而且，也没有确凿的证据证明大碰撞说成立。

分化 随着月球的冷却，矿物质逐渐在岩浆海中结晶，并依据自身重量固化在不同深度的位置。壳体分化为了质量较轻的外壳、中间的月幔以及质量较重的月核。厚度只有50千米的外壳富含斜长岩（在花岗岩中发现的长石）等低质量矿物质。在它的质量比重中，45%是氧元素，20%是硅元素，其余的是铁、铝、镁、钙等金属元素。月核的体积较小，直径不足350千米，很可能其中一部分处于熔融状态，并且富含铁元素和其他金属元素。

“借星月之光伏枕远望，教堂前矗立着牛顿的雕像，看那默然无语却棱角分明的脸庞。在大理石中幻化的不朽英才，在思想的海洋里独自远航。”

——威廉·华兹华斯

位于中间的是遭受了月震的月幔。因受到潮汐力的作用，它变得非常扭曲。尽管它至今仍被认为是以固态形式存在的，但在月球的生命周期内，它曾经被熔化，并催生出了火山活动，直至10亿年前才停止。由于碰撞的影响，月球表面斑斑驳驳，布满了撞击坑，并且散落着一层岩石和灰尘，这一层被称作风化层。

水 月球的表面是干燥的，但偶尔撞击到月球表面的彗星或冰质天体可能会带来水分。对于月球探测以及太阳系内物质转化的研究而言，知晓月球上是否有水存在是至关重要的。虽然在阳光直射的情况下，水会快速蒸发，但在月球的某些区域，特别是靠近两极的陨石坑内，常年均无阳光照射。物理学家推测，固态水可以在这些阴暗的地方存留下来。

大量在轨卫星对月球表面进行了检视，但观测结果五花八门。20世纪90年代末期，“克莱门汀号”卫星和“月球探测者号”卫星均报告月球两极存在固态水，但地面上进行的射电观测并没有确认这一点。近期的一些观测任务，如美国国家航空航天局发射的月球坑观测和传感卫星（发射火箭对月球表面进行了撞击，火箭上搭载的设备对产生的烟柱散发的光芒进行了分析），以及印度发射的月船卫星，均宣称已经在撞击坑的阴暗地带探测到了水。因此，未来的航天员可能会在月球干枯的表面寻找到足以饮用的水分。

人类的一小步

49 天体生物学

生命在地球上繁衍生息。历史上，人们始终相信地球之外有生命存在。从火星运河到月球上会飞的生物，这方面的报道很多。然而，对于太阳系的探索愈深入，地球的左邻右里就显得愈贫瘠。虽然生命是顽强的，但如果没有特定的条件它也难以为继。天体生物学希望解答的是在宇宙中生命如何产生、在哪里产生的问题。

45 亿年前，地球刚刚形成不久就出现了生命。叠层岩化石（半球形有机物质）表明蓝细菌在 35 亿年前就已经存在了。光合作用（利用阳光将化学物质转化为能量的化学过程）也很早就出现了，并且一直延续至今。至今已知最古老的岩石发现于格陵兰岛，有着 38.5 亿年的历史。所以，注定存在着一扇小小的生命起源之窗。

生命起源理论的历史如同物种存在的时间一样悠久，生命起源理论的分支也如同物种的类别一样庞杂。17 世纪，随着显微镜的发明，人类第一次观察到了细菌和原生动物这样的微生物。细菌简单的结构让科学家误以为这些微不足道的“斑点”是和非生命物质同时产生的。然而，随后观察到了细菌的复制过程，表明生命是自我繁衍的。1861 年，路易·巴斯德尝试从无菌但富含营养的培养液中制造出细菌来，不过他最终功亏一篑。所以，创造出原始的有机体并不是一件容易的事情。

1871 年，查尔斯·达尔文在一封写给约瑟夫·胡克的信中，提出了生命起源的问题：起初，它可能出现在“一个温暖的小池塘中，池塘中

大事年表

1861 年
路易斯·巴斯德在营养液中创造生命的愿望落空

1871 年
查尔斯·达尔文正在思考他的“温暖小池塘”

20 世纪 50 年代
弗雷德·霍伊尔提出“有生源说”

“毫无疑问，到目前为止，科学界仍然对生命的本质或生命的起源这个极为高深的问题束手无策。谁能解释地心引力？当下没有人会反对把这种未知引力产生的结果查个水落石出。”

——查尔斯·达尔文

存在着各种各样的氨盐、磷盐、光线、热量、电流，等等。经过一系列化学变化会形成蛋白质混合物，接下来再经历更加复杂的转变过程”。

原始汤 若增加一个重要的补充，达尔文的解释就与科学家现今笃定的理论很接近了。与现在的情况不同，由于缺乏植物和生物氧气源，早期地球大气层里是没有氧气的。它只有甲烷、氨气、水以及一些其他气体，而这些气体对于某些特定类型的化学反应青睐有加。1924 年，亚历山大·伊万诺维奇·奥巴林提出，在上述条件下，“可能已经形成了一碗原始的分子汤”。同样的过程在如今富含氧气的大气层中是不可能发生的。

早期的地球条件恶劣，如同地狱一般，这从该时期的地质学名称上就能体现出来——冥古宙。在地球刚刚形成 2 亿年后，海洋就出现了。起初，海水滚烫，并呈酸性。当时，正值后期重爆炸期，因此小行星频繁地撞击地球的表面。雷暴和洪水频繁发生，这样恶劣的天气并不适宜居住。然而，可能正是这些条件才导致了生命的出现。在深海火山口附近生活着大量的有机体，这表明只要存在足够的养料，沸水和黑暗都不是生命的障碍。不过，最初的有机体应该是从复杂的分子结构按照一定的形式发展而来的。

早期地球上的恶劣条件可能曾适于有机分子结构的形成。1953 年，

1953 年	2005 年	2020 年
米勒－尤里实验开展	“惠更斯号”探测器在泰坦卫星上着陆	“欧罗巴号”飞船发射

“惠更斯号”探测器

2005 年 1 月 14 日，经过了历时 7 年的长途跋涉后，“惠更斯号”太空探测器在土卫六的表面着陆了。它被包裹在一个向外延伸数米的保护外壳中。它穿过大气层，向下降落到一片冰原上。在这个过程中，它搭载的实验设备对风、大气压力、温度以及地表结构进行了测量。土卫六是一个奇怪的世界，它的大气层和球体表面沉浸在液态甲烷之中。惠更斯号是首个降落在外太阳系天体上的太空探测器。

史丹利·洛伊·米勒和哈罗德·克莱顿·尤里在实验室中开展了一系列实验，证明了生命的基础性小型分子结构（例如氨基酸）能够通过在气体混合物（甲烷、氨气和氢气）中通电的形式被创造出来。然而，此后的几十年间，科学家收获甚微。要从分子结构中构建出首批细胞，实现这一结构性跨越很有挑战性，由脂类物质形成的荚状结构可能是前辈给我们提供的一条线索。细胞分裂以及建立化学引擎（新陈代谢）的过程仍然遥不可及。凭空制造出一个令人信服的原细胞依然是前所未有的事。

有生源说 另外一种可能性是这种复杂的分子结构以及稍显简单的生物有机体源自太空。在米勒－尤里实验进行的同时，天文学家弗雷德·霍伊尔提出了“有生源说”，他认为地球上的生命是伴随着陨石和彗星的撞击来到这里，然后繁衍生息的。虽然这种说法听似天方夜谭，但太空中确实充斥着各种分子结构，其中一些还相当复杂。2009 年，天文学家在维尔特二号彗星喷射出的物质中探测到了氨基乙酸，美国国家航空航天局发射的“星尘号”探测器将这些物质抽样并带回到地球。

为了进一步了解早期生命形成的条件以及分子结构分散的方式，天体生物学家渴望对太阳系内的关键区域进行探测。火星是首选目标。尽管如今火星表面是干燥的，但他们认为过去它曾经是湿润的。水冰在其冰极上仍有留存，火星车传回的图像已经证明了有液态水在火星表面流淌，可能是细小的溪流，也可能是地下水水位波动的结果。人类在这颗红色行星的大气层中已经发现了甲烷，这预示着找到了地质学或生物学的一种起源。

> “当人类了解了生命有机体的起源以及生命组织逐渐发展、进化的原因，地球的伟大历史才会显得愈发地伟大。”
>
> ——让－巴蒂斯特·拉马克

天体生物学之旅 土星最大的卫星泰坦是另一个可能适宜生命存在的地方。而且，它与早期的地球有相似之处。它尽管位于寒冷的外太阳系，但它的外边包裹着厚厚的氮气层，其中含有甲烷等多种有机分子结构。2005 年，美国国家航空航天局发射的“卡西尼号”探测器（目前正在对土星进行深入研究）抛下的一个子探测器造访了这颗卫星。该太空舱以 17 世纪发现泰坦卫星的荷兰物理学家惠更斯的名字命名。“惠更斯号”穿过泰坦大气层中的云层后，降落在了满是冰态甲烷的表面上。泰坦卫星上存在由固态和液态甲烷、乙烷而非水构成的大陆、沙丘、湖泊甚至河流。一些人认为该卫星可能会为原始的生命形式（例如吞噬甲烷的细菌）提供栖息之所。

土星的另外一颗卫星恩克拉多斯星是天体生物学家眼中的理想目的地。当“卡西尼号”探测器从这颗冰封的卫星上方经过时，观测到一个巨大的水柱正从其南极附近的裂缝中喷涌而出。由于这颗卫星靠近土星，产生的潮汐力将其扭曲变形，形成了孔洞和裂缝，因此下方的温暖区域通过它们来释放蒸汽。在其表面下方，存在液态水的地方可能有生命存活。

对于天体生物学下一步探测任务而言，最有可能的目的地是木星的卫星欧罗巴。在该卫星的冰冻表面下方，存在着由液态水构成的海洋。与恩克拉多斯卫星一样，它的表面也是光滑的，这表明它近来一直处于熔融状态。其表面的细裂缝暗示它同样是通过潮汐可挠性来获取热量的。因与地球的深海以及深埋冰下的南极冰湖条件类似，这片海洋中有可能存在生命。天体生物学家计划 2020 年发射一颗太空探测器到欧罗巴卫星，然后钻透它的冰层，寻找生命的迹象。

跟着水去寻找生命

50 费米悖论

如果能够在宇宙其他地方探寻到生命，那将是人类历史上最伟大的发现。已知宇宙的年龄和广度，还知道数十亿颗已经存在了数十亿年的恒星和行星，那么为什么还没有其他的外星文明与我们接触呢？物理学教授恩里科·费米对此大惑不解。这就是费米悖论。

据说，1950 年的某天中午，费米正在与同事们共进午餐，他突然提出“他们在哪儿呢？”这个问题。银河系拥有数十亿颗恒星，而宇宙中有数十亿个星系，也就是说共有数万亿颗恒星。即使只有少数恒星拥有行星，行星的数量也是非常庞大的。假若在这些行星中，只有一小部分存在生命，那么也应该有数百万个外星文明。可我们为什么还看不到它们呢？它们为什么不和我们联系呢？

德雷克公式 1961 年，弗兰克·德雷克写下了一个关于接触到银河系内其他行星上的外星文明的概率的公式。这个公式称作德雷克公式。它表明存在人类与其他文明共存的可能，但概率非常不确定。卡尔·萨根曾提出银河系可能存在着 100 万个外星文明，但随后又将这个数字调低了。此后，还有人曾估计这个数值是 1，即只有人类。

在费米提出这个质疑五十多年后，外星文明仍然杳无音讯。尽管我们有通信系统，但无“人”呼叫。我们对于周边区域探索得愈深入，地

大事年表

1950 年	1961 年
费米质疑与外星生命缺失联络的现象	德雷克提出了他的公式

球就显得愈孤独。在月球上、火星上、小行星上，抑或外太阳系行星及其卫星上，都没有找到任何具体的生命迹象，甚至连最简单的细菌也没有发现。在来自各个恒星的光线中，也没有出现任何干扰的征兆。如果有这种征兆，就预示着在其轨道上有运动的庞大机器正在吸收恒星的能量。而且没有发现并不是因为没有人员进行观测。由于设立了奖金，其实有很多人都致力于寻找地外智慧生物的研究。

寻找生命 如何搜寻生命的迹象呢？第一种方法是从太阳系内的微生物中开始寻找。科学家已经对月球上的岩石进行了细致的研究。然而，它们只是没有生命的玄武岩。据称，来自火星的陨石上可能有细菌残留，但是仍然无法证明在岩石中的卵形泡沫结构中是否夹杂着外星生命，它们坠落到地球后是否受到了污染，或者它们是否是由自然的地质过程产生的。太空探测器以及登陆车上搭载的摄影设备已经对火星、小行星的表面进行了搜索，如今甚至对外太阳系的泰坦卫星的表面也进行了仔细的检视。然而，火星表面是干燥的；泰坦卫星的表面沉浸在液态的甲烷当中，但至今仍无生命存在的痕迹。在木星的卫星欧罗巴冰封的地表下方，可能存在由液态水构成的海洋。所以，液态水在外太阳系中并非十分稀缺的物质，这无疑提高了人们的期望：有朝一日，也许可以找到外星生命。

“除了寻找智能生物之外，对太阳系进行公正的探测更像是在记录太阳的数据：恒星X、光谱类型G0、四颗行星，再加一些残骸。”

——伊萨克·阿西莫夫，1963年

1996年

在南极发现的陨石预示着火星上存在原始生命

但微生物是不会拨打电话的。那么，更加复杂的动物或者植物呢？如今在遥远的恒星周围探测到了独立存在的行星，天文学家计划分解它们发出的光线，从而寻找能够支持或者表示生命存在的化学成分。臭氧或叶绿素的光谱痕迹可以确定，但这需要精确的观测，这在下一代太空探测任务中可能实现，例如，美国国家航空航天局的“类地行星发现者号”探测器。这些任务未来可能会为地球找到一颗姊妹行星。然而，如果找到了它，这颗星球是繁育着人类、鱼类或者恐龙，还是没有任何生命存在的大陆和海洋呢？

接触未来 位于其他行星甚至类地行星上的生命，都可能经过了与地球生命大相径庭的进化过程。我们无法确定是否存在可以和我们通信的外星生命。自广播和电视发明之日起，它们的信号就已经以光速传播到了地球之外。因此，人马座α星（距离地球4光年）上的电视观众应该正在观看地球上4年前的电视频道，也许正在欣赏电影《接触未来》的重播呢。黑白电影应该正在大角星上上映。所以，查理·卓别林先生在毕宿五上可能正当红。

地球向外释放着大量的信号。只要你拥有一根天线，就可以捕捉到它们。其他进化后的文明也是如此吗？射电天文学家正在探索恒星周围

德雷克公式

$$N = N^{*} \times f_{p} \times n_{e} \times f_{l} \times f_{i} \times f_{c} \times f_{L}$$

其中

N 是指银河系内可测得其电磁辐射的文明的数量。

N^{*} 是指银河系内恒星的数量。

f_p 表示拥有行星的恒星所占的比例。

n_e 是指每个恒星系中，具有适宜生命存在环境的行星数量。

f_l 是指适宜居住的行星中确实存在生命的比例。

f_i 是指在存在生命的行星中演化出智能生命的比例。

f_c 是指外星文明开发出某种技术，能够进行通信的比例。

f_L 是指能够进行通信的外星文明在该行星生命周期内存在时间的比例（对于地球而言，这个比例非常小）。

“太阳是银河系1万亿颗恒星中的一颗。银河系又是宇宙中数十亿个星系中的一个。认为人类是浩瀚无垠的宇宙中唯一的生命将会是个极端的推断。”

——沃纳·冯·布劳恩

非自然形成的信号迹象。射电频谱很宽，所以他们重点观测近似于自然能量转移的频率，例如，在宇宙中的任何地方都保持不变的氢元素的频率。射电天文学家正在寻找那些规律的、有层次的，但又不是任意已知天体传送出的信号。

1967年，英国剑桥大学的在读研究生约瑟琳·贝尔·伯奈尔发现某颗恒星发射出有规律的无线电波脉冲，这令她大吃一惊。一些人认为这是外星人的摩尔斯电码。但事实上，它是一种新型的旋转中子星，现被称作脉冲星。由于探查数千颗恒星将耗费大量的时间，美国启动了一项名为SETI（寻找地外文明）的探测计划。尽管已经对多年的探测数据进行了分析，但这项计划还是没有捕捉到任何古怪的信号。其他射电望远镜也间或地展开过搜寻工作，但同样没有观测到任何拥有异常信号源的信号。

对外星生命的猜想 我们能够想到这么多方法去与外星生命联络，探寻它们的信号，为什么没有任何文明回应我们的呼唤，或者发出它们自己的呼唤呢？为什么费米悖论仍然成立呢？对于这些疑问，存在着多种解读。也许外星生命可以进行通信的文明时期只持续了很短一段时间。但又何以至此呢？也许智能生命总是迅速将自己彻底毁灭。也许它会自动灭亡，不会存留很久。因此，可以与人类交流，而且是“近距离”交流的机会确实十分渺茫。或者是人类真的多虑了，也许外星生命只是不希望和我们接触，故意躲着我们，抑或它们很忙，无暇顾及我们。

存在外星人吗？

术语表

暗能量 空间中引发时空膨胀的能量形式。

暗物质 一种不可见的物质，只能通过其引力作用探测到。

标准模型 获得认可的有关基本粒子的理论。

波长 一个波的相邻两波峰之间的距离。

波粒二象性 有时与波类似，有时与粒子类似的特质，尤指光所具备的性质。

场（磁场、电场、引力场） 在特定距离内传播力的途径。

特大质量黑洞 质量相当于数百万颗恒星质量的黑洞。

超新星 垂死的恒星在核聚变反应停止之时发生的爆炸。

尘埃 在宇宙中吸收光线并使其变红的烟灰和微粒。

电磁波 通过电场和磁场传播的能量。

动量 质量与速度的产物，表示一旦某物开始运动，使其停下来的难度。

多元宇宙 由多个平行且独立的宇宙组成的系统。

发射谱线 在光谱中特定光频率的增强现象。

反射 波在传播过程中，遇到不可入的媒质界面时发生的折回传播现象。

分子 由化学键连接的原子组合。

干扰 处于不同阶段的波的结合，可相互增强或相互抵消。

各向同性 某种物质的一致性分布，平均延伸。

惯性 见“质量”。

光谱 电磁波的序列，从无线电波到伽马射线。

光子 表示为一个粒子或能量包的光。

轨道 天体的环状路径，通常呈椭圆形。

哈勃常数 宇宙的膨胀率。

核合成 元素经过核聚变形成的过程。

黑洞 引力效应极大、连光也无法逃脱的区域。

黑体辐射 在一定温度下，从黑体中辐射出的光束。

恒星 内核正在经历核聚变反应的一个气体球。

红移 因宇宙膨胀，渐行渐远的天体表现出的频率降低的现象。

活动星系 受到特大质量黑洞的作用，中心区域表现出高能量变化过程的星系。

加速度 在特定时间内，速度的变化量。

聚变 质量较轻的原子核结合形成质量较重的原子核。

绝对零度 −273 摄氏度；可以达到的最低温度。

离子 因失去或得到一个电子而形成的带有电荷的原子。

力 改变物体运动的提、推或拉。

量子力学 亚原子世界的法则，许多是违反直觉的，但符合数学法则。

量子简并压力 量子力学法则形成的一个基本界限，阻止各类粒子在近距离内以同种状态存在。

裂变 质量较重的原子核分裂为质量较轻的原子核。

脉冲星 有磁场、处于旋转状态的中子星，发送射电脉冲。

能量 通过转换决定物质运动发生的可能性的量。

暴胀 宇宙在最初一瞬间的快速增大。

频率 波峰经过某点的比率。

气体 一团不受约束的原子或分子。

轻元素 在大爆炸早期形成的少数几个元素：氢元素、氦元素以及锂元素。

时空 相对论中把空间和时间统一成的单一的概念。

速度 在特定方向上的运动快慢。

同位素 因具有更多的中子，造成核质量不同的元素形式。

温度 在开尔文温标中，相对于绝对零度（−273.15℃）所测得的数值。

吸收线 特定频率的光在光谱上形成的间隙。

系外行星 围绕太阳以外的恒星运动的行星。

相位 两波的波峰之间，波长的相对位移。

星系 数百万个星体的特定分组，例如银河系。

星云 模糊的云状结构，由气体或恒星构成，是星系早期的名称。

星座 天空中由恒星组成的可辨的图形。

行星 具有自吸引力的在轨运动天体，体积过小不足以发生核聚变。

压力 每单位面积上承受的力。

衍射 波在经过细小边缘或缝隙时出现的分散现象。

引力 一种基本力，物体通过它的作用吸引另一个物体。

引力透镜 光线经过质量较大的物体时出现的弯曲现象。

宇宙 包括万物在内的一切空间和时间的综合。

宇宙的年龄 根据膨胀率估算，约为 140 亿岁。

宇宙微波背景 大爆炸后，源自天空中各个方向的微弱的微波辐射。

原子 能够独立存在的、物质的最小单元。

原子核 原子坚硬的中心地带，由质子和中子构成。

造父变星 亮度呈周期性变化的变星。

折射 波由一种媒介斜射入另一种媒介时由于传播速度改变而导致的传播角度的偏移。

真空 不含有任何原子的空间状态；外层空间并非完全空空荡荡。

质量 源自某物质的原子数量或等效的能量。

中子星 燃烧殆尽的恒星坍缩的外壳，由量子简并压力支持。

重子 由电子、质子和中子构成的微粒。